高等职业教育机械制造与自动化专业系列教材
浙江省"十一五"重点教材建设项目

夹具应用实训

主　编　姚荣庆
副主编　毛全有
参　编　金　茵　陈晓英
主　审　屠　立

机 械 工 业 出 版 社

本书是在总结以往教学经验的基础上，对与专用夹具设计和组合夹具应用有关的技能性工作进行分解、组合和归纳、总结。

　　本书分为四个项目，主要内容包括：专用夹具的设计方法，专用夹具设计实训，组合夹具应用实训，专用夹具综合实训。此外，为了方便设计工作，还总结归纳了部分机床夹具设计常用资料。

　　本书可供高等职业技术院校及成人大专院校机械制造与自动化专业学生使用，也可供机械制造企业中从事夹具设计、使用工作的技术人员参考。

图书在版编目（CIP）数据

夹具应用实训/姚荣庆主编 .—北京：机械工业出版社，2012.6
（2024.8重印）

高等职业教育机械制造与自动化专业系列教材　浙江省"十一五"重点教材建设项目

ISBN 978-7-111-38257-7

Ⅰ.①夹…　Ⅱ.①姚…　Ⅲ.①夹具-高等职业教育-教材　Ⅳ.①TG75

中国版本图书馆 CIP 数据核字（2012）第 086715 号

机械工业出版社（北京市百万庄大街 22 号　邮政编码 100037）
策划编辑：刘良超　责任编辑：刘良超
版式设计：霍永明　责任印制：郜　敏
北京富资园科技发展有限公司印刷
2024 年 8 月第 1 版第 5 次印刷
184mm×260mm ·6.5 印张 ·151 千字
标准书号：ISBN 978-7-111-38257-7
定价：25.00 元

电话服务　　　　　　　　　网络服务
客服电话：010-88361066　机 工 官 网：www.cmpbook.com
　　　　　010-88379833　机 工 官 博：weibo.com/cmp1952
　　　　　010-68326294　金 书 网：www.golden-book.com
封底无防伪标均为盗版　机工教育服务网：www.cmpedu.com

前　言

近年来，我国高等职业教育得到迅速发展，对高职教育的定位和培养模式也逐渐明确。本书在总结以往教学经验的基础上，融入了现代机械制造的新成果；以机械制造工艺师能力培养为目标，将机械制造工艺师任职资格要求"应会"内容中的专用夹具设计和组合夹具应用两方面内容融入本书中。

本书可与《传动轴制造》、《主轴制造》、《箱体制造》和《异形件制造》等教材配套使用。

本书是针对高等职业教育培养应用型人才、重在实践能力和职业技能训练的特点而编写的，可供高等职业技术院校及成人大专院校机械类专业学生使用。

本书项目一由毛全有编写，项目二由金茵编写，项目三由姚荣庆编写，项目四由陈晓英编写，最后由姚荣庆负责统稿和定稿。全书由屠立教授主审。

本书在编写过程中参考了兄弟院校老师编写的有关教材及相关资料。杭州前进齿轮箱集团股份有限公司吴根生高级工程师和浙江联强数控机床股份有限公司吴文进高级工程师参与了本书部分内容的编写，提出了许多宝贵的意见并提供了丰富的资料。浙江机电职业技术学院其他老师为本书的编写也提供了大力支持，在此一并表示衷心的感谢！

由于编者的水平有限，书中难免有不妥与错误之处，恳请专家、同行及广大读者批评指正。

编　者

目　　录

项目一 专用夹具的设计方法

模块1 夹具设计的要求、方法和设计步骤

一、夹具设计的要求

夹具设计时，应满足以下主要要求：

1）夹具应满足零件加工工序的精度要求。特别对于精加工工序，应适当提高夹具的精度，以保证工件的尺寸公差和几何公差等。

2）夹具应达到加工生产率的要求。特别对于大批量生产中使用的夹具，应设法缩短加工的基本时间和辅助时间。

3）夹具的操作要方便、安全。按不同的加工方法，可设置必要的防护装置、挡屑板以及各种安全器具。

4）能保证夹具的使用寿命和较低的制造成本。夹具元件的材料选择将直接影响夹具的使用寿命。因此，定位元件以及主要元件宜采用力学性能较好的材料。目前世界各国都已相当重视夹具的低成本设计。为此，夹具的复杂程度应与工件的生产批量相适应。在大批量生产中，宜采用如气压、液压等高效夹紧装置；而小批量生产中，则宜采用较简单的夹具结构。

5）要适当提高夹具元件的通用化和标准化程度。选用标准化元件，特别应选用商品化的标准元件，可以缩短夹具制造周期，降低夹具成本。

6）夹具应具有良好的结构工艺性，以便于制造、使用和维修。

以上要求有时是相互矛盾的，故应在全面考虑的基础上，处理好主要矛盾，使之达到较好的效果。例如在钻模设计中，通常侧重于生产率的要求；而镗模等精加工用的夹具则侧重于加工精度的要求等。

二、夹具设计的方法

夹具设计主要是绘制所需的图样，同时制订有关的技术要求。夹具设计是一种相互关联的工作，它涉及很广的知识面。通常，设计者首先在参阅有关典型夹具图样的基础上，按加工要求构思出设计方案，再对其进行修改，最后确定出夹具的结构。其设计方法如图1-1所示。

三、夹具设计的步骤

夹具的设计步骤可以划分为六个阶段：①设计的准备；②方案设计；③审核；④总体设计；⑤夹具零件设计；⑥夹具的装配、调试和验证。

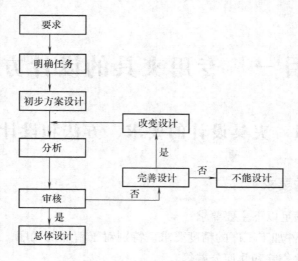

图 1-1　夹具的设计方法

1. 设计的准备

这一阶段的工作是收集原始资料、明确设计任务。

1）分析产品零件图及装配图，分析零件的作用、形状、结构特点、材料和技术要求。

2）分析零件的加工工艺规程，特别是本工序半成品的形状、尺寸、加工余量、切削用量和所使用的工艺基准。

3）分析工艺装备设计任务书，对任务书所提出的要求进行可行性研究，以便发现问题，及时与工艺人员进行协商。

图 1-2 所示为一种工艺装备设计任务书，其中规定了使用工序、使用机床、装夹件数、定位基面及工艺公差、加工部位等。任务书对工艺要求也作了具体说明，并用简图表示工件的装夹部位和形式。

工艺装备设计任务书

编号 ＿＿＿＿＿

产品件号		装夹件数	
工具号		合用件号	
工具名称		参考型式	
使用工序		制造套数	
使用机床		完工日期	
定位基面及工艺公差：		加工部位：	
工艺要求及示意图：			
工艺员	产品工艺员	工艺组长	
年 月 日	年 月 日	年 月 日	年 月 日

图 1-2　工艺装备设计任务书

4）了解所使用机床的规格、性能、精度以及与夹具连接部分结构的联系尺寸。

5）了解所使用刀具、量具的规格。

6）了解零件的生产纲领以及生产组织等有关问题。

7）收集有关设计资料，其中包括国家标准、行业标准、企业标准等资料及典型夹具资料。

8）熟悉本厂工具车间的制造工艺。

2. 方案设计

方案设计是夹具设计的重要阶段。在分析各种原始资料的基础上，应完成下列设计工作：

1）确定夹具的类型。

2）定位设计。根据六点定位规则确定工件的定位方式，选择合适的定位元件。

3）确定工件的夹紧方式，选择合适的夹紧装置。使夹紧力与切削力静力平衡，并注意缩短辅助时间。

4）确定刀具的对刀导向方案，选择合适的对刀元件或导向元件。

5）确定夹具与机床的连接方式。

6）确定其他元件和装置的结构形式，如分度装置、靠模装置等。

7）确定夹具总体布局和夹具体的结构形式，并处理好定位元件在夹具体上的位置。

8）绘制夹具方案设计图。

9）进行工序精度分析。

10）对动力夹紧装置进行夹紧力验算。

3. 审核

由主管部门、有关技术人员与操作者对设计方案进行审核，对夹具结构在使用上提出特殊要求并讨论需要解决的技术问题。

方案设计审核包括下列 13 项内容：

1）夹具的标志是否完整。

2）夹具的搬运是否方便。

3）夹具与机床的连接是否牢固和正确。

4）定位元件是否可靠和精确。

5）夹紧装置是否安全和可靠。

6）工件的装卸是否方便。

7）夹具与有关刀具、辅具、量具之间的协调关系是否良好。

8）加工过程中切屑的排除是否良好。

9）操作的安全性是否可靠。

10）加工精度能否符合工件图样所规定的要求。

11）生产率能否达到工艺要求。

12）夹具是否具有良好的结构工艺性和经济性。

13）夹具的标准化审核。

4. 夹具总装配图设计

夹具总装配图应按国家标准绘制，绘制时还应注意以下事项：

1）尽量选用 1:1 的比例，以使所绘制的夹具具有良好的直观性。

2）尽可能选择面对操作者的方向作为主视图。同样应符合视图最少原则。

3）总图应把夹具的工作原理、结构和各种元件间的装配关系表达清楚。

4）用细双点画线绘制工件外形轮廓、定位基准面、夹紧表面和加工表面。

5）合理标注尺寸、公差和技术要求。

6）合理选择材料。

绘图的步骤如下：

1）用细双点画线绘出工件轮廓线，并布置图面。

2）绘制定位元件的详细结构。

3）绘制对刀导向元件。

4）绘制夹紧装置。

5）绘制其他元件或装置。

6）绘制夹具体。

7）标注视图符号、尺寸、技术要求，编制明细表。

模块 2　夹具体的设计

一、夹具体的作用及基本要求

夹具体是夹具的基础元件。夹具体的基面与机床连接，以组成夹具的总体。

在加工过程中，夹具体要承受工件重力、夹紧力、切削力、惯性力和振动力的作用，所以夹具体应具有足够的强度、刚度和抗振性，以保证工件的加工精度。对于大型精密夹具，由于刚度不足引起的变形和残留应力产生的变形，应予以足够的重视。

夹具体设计应符合以下基本要求：

1）夹具体的结构形式一般由机床的有关参数和加工方式而定，主要分两大类：车床夹具的旋转型夹具体，铣床、钻床、镗床夹具的固定型夹具体。旋转型夹具体与车床主轴连接，固定型夹具体则与机床工作台连接。

2）有一定的精度和良好的结构工艺性。夹具体有三个重要表面，即夹具体在机床上的安装面、装配定位元件的表面和装配对刀或导向元件的表面。一般应以夹具体的基面为夹具的主要设计基准及工艺基准，这样有利于制造、装配、使用和维修。如图 1-3a 所示，在机床、夹具、工件、刀具组成的工艺系统中，坐标系 x_A、y_A、z_A 为夹具体基面所构成的空间位置，当其与机床坐标系 x、y、z 重合时，机床的误差将直接影响工件的加工精度。如图 1-3b 所示，铣床升降台的误差使工件产生相应的误差 θ。若夹具体也作相应的倾斜 θ（见图 1-3c），则机床的误差可获得补偿。在单件制造高精度夹具时，应使夹具体的位置精度有相应的补偿量。

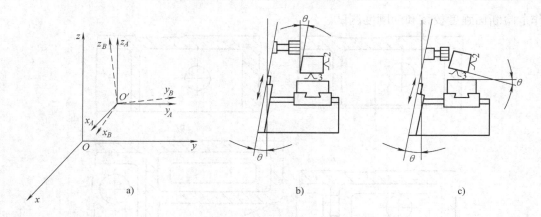

图 1-3 夹具体的精度分析

a) 坐标系（x、y、z 为机床坐标系；x_A、y_A、z_A 为夹具坐标系；x_B、y_B、z_B 为工件坐标系）

b) 机床误差　c) 误差补偿

夹具体上的装配表面，一般应铸出 3~5mm 高的凸面，以减少加工面积。铸造夹具体壁厚要均匀，转角处应有 $R5 \sim R10$mm 的圆角。

需机械加工的各表面要有良好的工艺性。图 1-4a 所示为焊接件局部结构的正误对比。图 1-4b 所示为局部加工工艺性正误对比。图 1-4c 所示为铸造夹具体的正误对比。

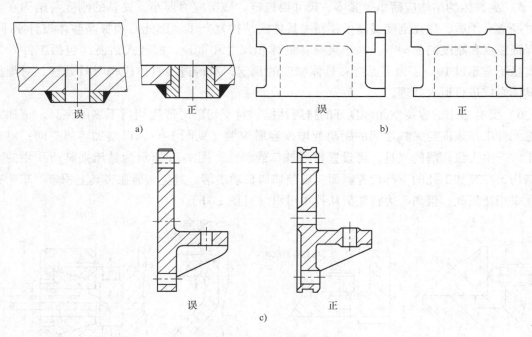

图 1-4 夹具体的结构工艺性对比

3）足够的强度和刚度。铸造夹具体的壁厚一般取 15~30mm；焊接夹具体的壁厚为 8~15mm。必要时可用肋来提高夹具体的刚度。肋的厚度取壁厚的 0.7~0.9 倍。图 1-5a 为镗模夹具体最初的结构，夹具体易产生变形。图 1-5b 则为改进的结构。近年来采用的箱形结构（见图 1-5c）与同样尺寸的夹具体相比，刚度可提高几倍。对于批量制造的大型夹具体，则应作危险断面强度校核和动刚度测试。

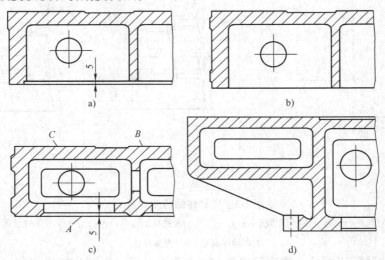

图 1-5　夹具体结构比较

4）在机床工作台上安装的夹具，应使其重心尽量低，夹具体的高度尺寸要小。当夹具体长度大于工作台支承面长度时，可采用图 1-5d 所示的结构，其外延伸部分的长度应适当。

5）夹具体的结构应简单、紧凑，尺寸要稳定，残留应力要小。夹具的刚度与结构在设计时经常有矛盾，往往刚度提高了，而夹具体的结构复杂了。因此必须提高整体设计水平，在保证强度和刚度的前提下，减小夹具体的体积尺寸和重量。翻转式钻模（包括工件）的总重量不宜超过 10kg。为了保持夹具体精度的稳定，对铸造夹具体应作时效处理；对焊接夹具体则应进行退火处理。

6）要有适当的容屑空间和良好的排屑性能。对于切削时产生切屑不多的夹具，可加大定位元件工作表面与夹具之间的距离或增设容屑沟槽（见图 1-6），以增加容屑空间；对于加工时产生大量切屑的夹具，可设置排屑缺口或斜面。图 1-7a 所示为钻床夹具所采用的一种结构，在被加工孔的下部设置斜面，以使切屑自动滚落，避免切屑在夹具上积聚。车床夹具常采用排屑孔，借离心力将切屑从孔中甩出（见图 1-7b）。

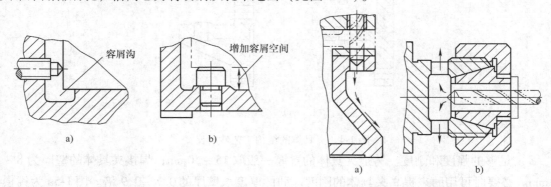

图 1-6　容屑空间　　　　　　　　　　图 1-7　各种排屑方法

　　　　　　　　　　　　　　　　　　　　　a）排屑斜面　b）排屑孔

7）要有较好的外观。夹具体外观造型要新颖，钢质夹具体需发蓝处理或退磁，铸件未加工部位必须清理，并涂油漆。

8）在夹具体适当部位用钢印打出夹具编号，以便于工装的管理。

二、夹具体设计的结构形式

1. 铸造结构

铸造结构的优点是工艺性好，容易获得形状复杂的内、外轮廓，且有较好的强度、刚度和抗振性。缺点是制造周期长，单件制造成本较高。

铸件材料一般采用灰铸铁 HT200。高精度夹具可采用合金铸铁或高磷铸铁。用铸钢件有利于减轻重量。轻型夹具可采用铸铝件。铸件均需时效处理，精密夹具体在粗加工后需作第二次时效处理。图 1-8a 所示为箱形结构，图 1-8b 所示为板形结构。它们的特点是夹具体的基面 1 和夹具体的装配面 2 相互平行。图 1-9 所示为钻模角铁式夹具体设计示例，图 1-10 为角铁式车床夹具体设计示例，它们的特点是夹具体的基面 A 和夹具体的装配面 B 相垂直。由于车床夹具体为旋转型，故还设置了校正圆 C，以确定夹具旋转轴线的位置。设计铸造夹具体时，需注意合理选择壁厚、肋、铸造圆角及凸台等。

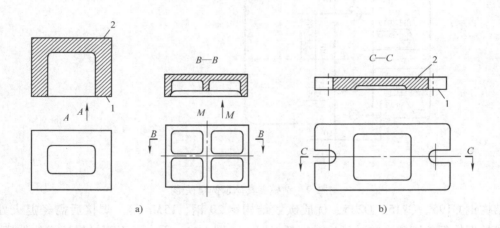

图 1-8　铸造结构的夹具体
a）箱形　b）板形
1—基面　2—装配面

2. 锻造结构

对于尺寸较大且形状简单的夹具体，可采用锻造结构，以使其有较高的强度和刚度。这类夹具体常用优质碳素结构钢 40 钢、合金结构钢 40Cr、38CrMoAlA 等经锻造后酌情采用调质、正火或回火制成。

3. 焊接结构

焊接结构是一种常用的结构形式。这类结构易于制造，制造周期短，成本低，使用也较灵活。当发现夹具体刚度不足时，可补焊肋和隔板。焊接件材料的焊接性要好，适用材料有

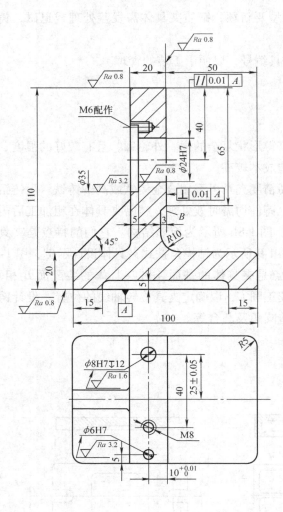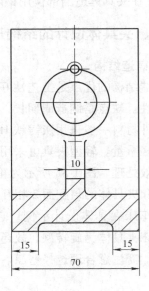

图 1-9　钻模夹具体示例角铁形

碳素结构钢 Q195、Q215、Q235，优质碳素结构钢 20 钢、15Mn 等。焊接后需经退火处理，局部热处理的部位则需在热处理后进行低温回火。图 1-11a 所示为用型材焊接成的钻模夹具体，其制造成本比铸造结构低 25%。常用的型材有工字钢、角铁、槽钢等。用型材可减少焊缝变形。焊接变形较大时，可采用以下措施减小变形：

1）合理布置焊缝位置。

2）缩小焊缝尺寸。

3）合理安排焊接工艺。

4. 拼装结构

拼装结构是近年来发展的一种新型结构。这种结构选用标准零部件拼装成夹具体，可以缩短生产准备周期，降低生产成本。如图 1-11b 所示的夹具体，主要由直支架 1、夹具体底板 6 和左侧的角铁 2 拼装而成。这种结构在大、中型企业中是可行的。发展这种结构，将有利于夹具结构的标准化和系列化，提高夹具的制造水平；同时还可实现夹具的专业化生产，

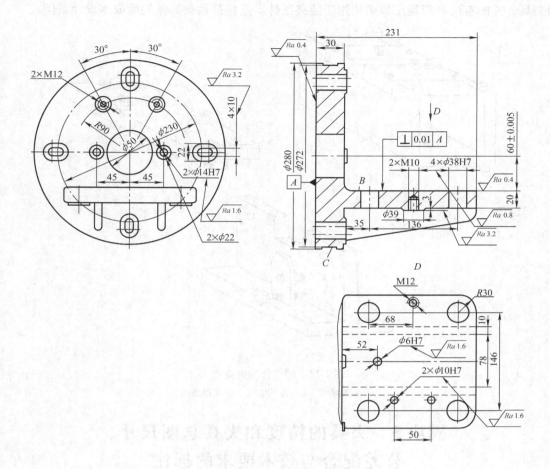

图 1-10　车床夹具体示例角铁形

A—夹具体的基面　*B*—装配面　*C*—校正圆

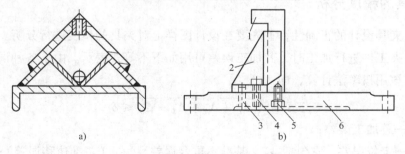

图 1-11　焊接结构和拼装结构

a）焊接结构　b）拼装结构

1—直支架　2—角铁　3—圆柱销　4、5—螺钉　6—夹具体底板

降低夹具的制造成本。图 1-12 所示为国外的三种已商品化的标准夹具体。图 1-12a 所示为用 U 形夹具体装配成的钻模。图 1-12b 所示为用板形夹具体装配成的铣床夹具，其结构简单，仅装配有定位销、钩形压板和 T 形槽螺钉等。图 1-12c 所示为用 T 形夹具体装配成的平面磨

床夹具，并配有两套螺旋压板机构用于装夹工件。这些都是夹具体的低成本设计案例。

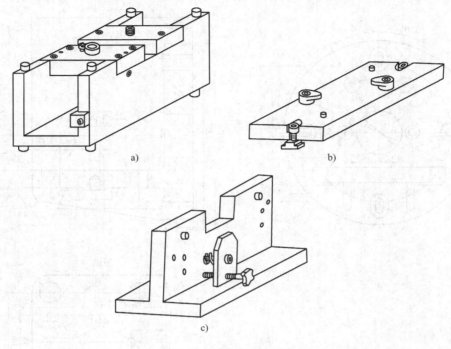

图 1-12　标准化的夹具体
a）U 形结构　b）板形结构　c）T 形结构

模块 3　夹具的精度和夹具总图尺寸、公差配合与技术要求的标注

一、夹具的精度分析

为了保证夹具设计的正确性，首先要在设计图样上对夹具的精度进行分析。

用夹具装夹工件进行加工时，其加工误差可用如下不等式表示。由于各种误差均为随机的变量，故应该用概率法计算，即

$$\sum\Delta = \sqrt{\Delta_D^2 + \Delta_A^2 + \Delta_T^2 + \Delta_G^2} \leqslant \delta_k$$

式中　$\sum\Delta$——总加工误差；

　　　Δ_D——定位误差，它包括 Δ_B（基准不重合误差）；Δ_Y（基准位移误差）；

　　　Δ_A——夹具位置误差，它包括 Δ_{A1}（定位元件定位面对夹具体基面的位置误差）；

　　　　　　 Δ_{A2}（夹具的安装连接误差）。故 Δ_A 即夹具定位元件对切削成形运动的位置误差；

　　　Δ_T——刀具相对夹具的位置误差，即对刀导向误差；

　　　Δ_G——与加工过程中机床、刀具、变形、磨损有关的加工误差；

δ_k——零件尺寸公差。

上述各项误差中，与夹具直接有关的误差为 Δ_D、Δ_A、Δ_T 三项，设计时可用极限法计算。加工方法误差具有很大的偶然性，很难精确计算，通常这项误差可按机床精度，并取 $\delta_k/3$ 作为估算的范围和储备精度。本质上夹具的精度要求是使工序基准与刀具切削成形运动保持正确位置关系。

二、总图尺寸、公差配合与技术要求的标注

1. 总图应标注的尺寸和公差配合

通常应标注以下五种尺寸：

（1）夹具外形的最大轮廓尺寸　这类尺寸按夹具结构尺寸的大小和机床参数设计，以表示夹具在机床上所占据的空间尺寸和可活动的范围。

（2）工件与定位元件之间的联系尺寸　如圆柱定位销工作部分的配合尺寸公差等，以便控制工件的定位误差（Δ_D）。

（3）对刀或导向元件与定位元件之间的联系尺寸　这类尺寸主要是指对刀块的对刀面至定位元件之间的尺寸、塞尺的尺寸、钻套至定位元件间的尺寸、钻套导向孔尺寸和钻套孔距尺寸等。这些尺寸影响刀具的对刀导向误差（Δ_T）。对刀尺寸的基准为定位元件。

（4）与夹具位置有关的尺寸　这类尺寸用以确定夹具体的安装基面相对于定位元件的正确位置。如铣床夹具定位键与机床工作台 T 形槽的配合尺寸、角铁式车床夹具安装基面（止口）的尺寸、角铁式车床夹具中心至定位面间的尺寸等。这些尺寸对夹具的位置误差（Δ_A）会有不同程度的影响。这类尺寸的基准也是定位元件。

（5）其他装配尺寸　如定位销与夹具体的配合尺寸和配合代号等，这类尺寸通常与加工精度无关或对其无直接影响。

2. 总图应标注的位置公差

总图上通常应标注以下三种位置公差：

（1）定位元件之间的位置公差　这类精度直接影响夹具的定位误差（Δ_D）。

（2）连接元件（含夹具体基面）与定位元件之间的位置公差　这类精度所造成的夹具位置误差（Δ_{A1}）也将影响夹具的加工精度（见表 1-1）。

表 1-1　几种常见元件定位面对夹具体基面的技术要求

简图	技术要求
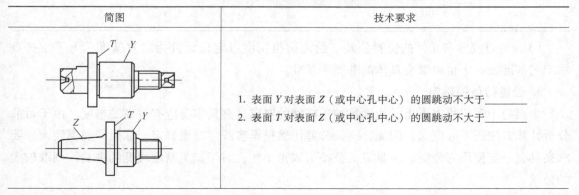	1. 表面 Y 对表面 Z（或中心孔中心）的圆跳动不大于_____ 2. 表面 T 对表面 Z（或中心孔中心）的圆跳动不大于_____

（续）

简图	技术要求
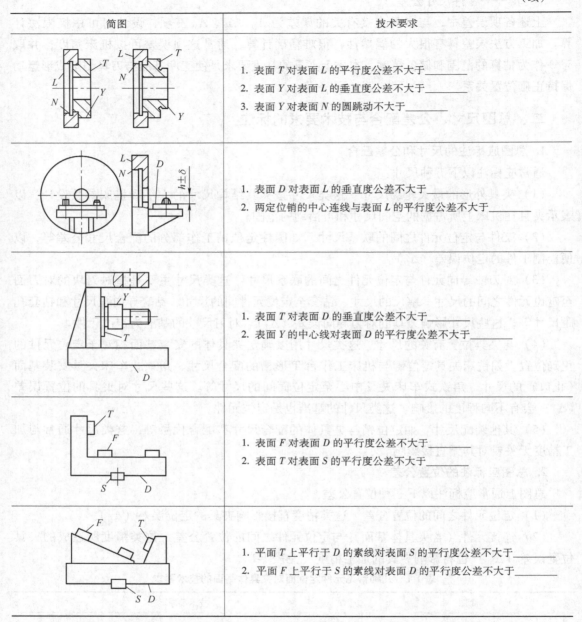	1. 表面 T 对表面 L 的平行度公差不大于＿＿＿＿ 2. 表面 Y 对表面 L 的垂直度公差不大于＿＿＿＿ 3. 表面 Y 对表面 N 的圆跳动不大于＿＿＿＿
	1. 表面 D 对表面 L 的垂直度公差不大于＿＿＿＿ 2. 两定位销的中心连线与表面 L 的平行度公差不大于＿＿＿＿
	1. 表面 T 对表面 D 的垂直度公差不大于＿＿＿＿ 2. 表面 Y 的中心线对表面 D 的平行度公差不大于＿＿＿＿
	1. 表面 F 对表面 D 的平行度公差不大于＿＿＿＿ 2. 表面 T 对表面 S 的平行度公差不大于＿＿＿＿
	1. 平面 T 上平行于 D 的素线对表面 S 的平行度公差不大于＿＿＿＿ 2. 平面 F 上平行于 S 的素线对表面 D 的平行度公差不大于＿＿＿＿

（3）对刀或导向元件的位置公差　通常这类精度以定位元件为对刀基准。为了使夹具的工艺基准统一，也可取夹具体的基面为基准。

3. 公差数值的确定

由误差不等式可以看出，为满足加工精度的要求，夹具本身应有较高的精度。由于目前分析计算方法还不够完善，因此，夹具公差仍然根据实践经验来确定。如生产规模较大，要求夹具有一定使用寿命时，夹具有关公差可取得小些；对于加工精度较低的夹具，则取较大的公差。

一般公差数值可按以下方式选取：

1）夹具上的尺寸公差和角度公差取$(1/2 \sim 1/5)\delta_k$。

2）夹具上的位置公差取$(1/2 \sim 1/3)\delta_k$。

3）当加工工件尺寸为未注公差时，夹具取$\pm 0.1 mm$。

4）对于工件上未注几何公差的加工面，按 GB/T 1184—1996 中 7、8 级精度的规定选取。

夹具有关公差都应在工件公差带的中间位置，即不论工件公差对称与否，都要将其化成对称公差，然后取其 1/5 ~ 1/2 以确定夹具的有关公差。

4. 公差配合的选择

导向元件的配合和常用夹具元件的公差配合，可详见《夹具手册》。

对于工作时有相对运动，但无精度要求的部分，如夹紧机构为铰链连接，则可选用 H9/d9、H11/c11 等配合；对于需要固定的构件，可选用 H7/n6、H7/p6、H7/r6 等配合；若用 H7/js6、H7/k6、H7/m6 等配合，则应加紧固螺钉使构件固定。

5. 夹具的其他技术要求

夹具在制造和使用上的其他要求，如夹具的平衡和密封、装配性能和要求、有关机构的调整参数、主要元件的磨损范围和极限、打印标记和编号，以及使用中应注意的事项等，要用文字标注在夹具的总图上。

6. 标注实例

（1）车床夹具　图 1-13 所示为壳体零件简图。加工 $\phi 38 H7$ 孔的主要技术要求为：

1）孔距尺寸$(60 \pm 0.02)mm$（$\delta_{k1} = 0.04 mm$）。

2）$\phi 38 H7$ 孔的轴线对 G 面的垂直度公差为 $\phi 0.02 mm$（δ_{k2}）。

3）$\phi 38 H7$ 孔的轴线对 D 面的平行度公差为 $0.02 mm$（δ_{k3}）。

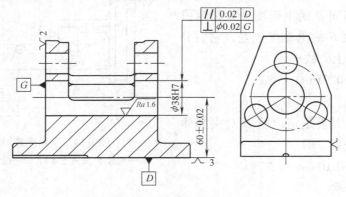

图 1-13　壳体零件简图

夹具的结构与标注如图 1-14 所示。

标注与加工尺寸$(60 \pm 0.02)mm$ 有关的尺寸公差为：

1）定位面至夹具体找正圆中心距尺寸（与夹具位置有关尺寸），取 $\delta_{k1}/4 = 0.01 mm$，标注 (60 ± 0.005) mm。

2）找正圆 $\phi 272 mm$ 对 $\phi 50 mm$ 的同轴度公差，取 $\delta_{k1}/4 = 0.01 mm$。

标注与工件垂直度有关的位置公差为：

1）侧定位面 G 对夹具体基面 B 的平行度公差，取 $\delta_{k2}/2 = 0.01\text{mm}$（$\delta_{k2} = 0.02\text{mm}$）。

2）定位面 D 对夹具体基面 B 的垂直度公差，取 $\delta_{k2}/2 = 0.01\text{mm}$。

标注与工件平行度有关的位置公差为：主要定位面 D 对夹具体基面 B 的垂直度公差，取 $\delta_{k3}/2 = 0.01\text{mm}$（$\delta_{k3} = 0.02\text{mm}$）。

尺寸公差（$\delta_{k1} = 0.04\text{mm}$）校核如下：

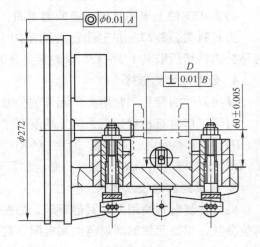

1）$\Delta_D = 0$（基准重合且位移误差 $\Delta_Y = 0$）。

2）$\Delta_T = 0$。

3）$\Delta_G = 0.01\text{mm}$（CA6140 型卧式车床主轴定心颈的径向圆跳动量）。

4）$\Delta_{A1} = 0.01\text{mm}$（夹具体找正圆轴线至定位面 D 之间的尺寸公差）。

5）$\Delta_{A2} = 0.01\text{mm}$（夹具体找正圆的同轴度公差）。

6）加工误差计算得

$$\Sigma\Delta = \sqrt{0.01^2 + 0.01^2 + 0.01^2}\,\text{mm}$$
$$= 0.017\text{mm} < \delta_{k1}$$

夹具的精度较高，尺寸公差设计合理。

位置公差（$\delta_{k2} = 0.02\text{mm}$、$\delta_{k3} = 0.02\text{mm}$）校核如下：

1）影响 δ_{k2} 的位置精度有两项，即侧定位面 G 对夹具体基面 B 的平行度公差和定位面 D 对夹具体基面 B 的垂直度公差，它们分别作用在两个方向上，故得

$$\Delta_A = 0.01\text{mm} < \delta_{k2}$$

此项设计合理。

2）影响 δ_{k3} 的因素是定位面 D 对夹具体基面 B 的垂直度公差，即

$$\Delta_A = 0.01\text{mm} < \delta_{k3}$$

此项设计也合理。

车床夹具的同轴度公差可参见表 1-2。

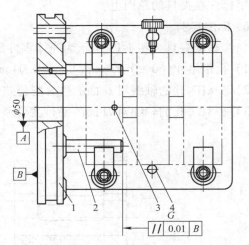

图 1-14　车床夹具标注示例
1—夹具体　2—支承钉　3—防误销　4—挡销

表 1-2　车床夹具的同轴度公差　　　　　　　　　　（单位：mm）

工件的公差	夹具公差	
	心轴	其他
0.05 ~ 0.10	0.005 ~ 0.01	0.01 ~ 0.02
0.10 ~ 0.20	0.01 ~ 0.015	0.02 ~ 0.04
>0.20	0.015 ~ 0.03	0.04 ~ 0.06

（2）铣床夹具 图1-15 所示为衬套零件简图。加工平口槽的主要技术要求为：

1）槽的深度尺寸（40±0.05）mm（$\delta_{k1}=0.10$mm）。

2）槽平面对ϕ（100±0.012）mm 的轴线的平行度公差为 0.05mm/100mm（δ_{k2}）。

夹具的结构与标注如图1-16 所示。

标注与加工尺寸（40±0.05）mm（$\delta_{k1}=0.10$mm）有关的尺寸（对刀尺寸）（37±0.01）mm，其中对刀块尺寸公差取：$\delta_{k1}/5=0.02$mm；塞尺取 $3_{-0.014}^{0}$mm。

标注与工件平行度（$\delta_{k2}=0.05$mm/100mm）有关的位置公差，即定位套ϕ100H6 孔的轴线对夹具体基面 B 的平行度公差，取 $\delta_{k2}/5=0.01$mm/100mm。

标注与加工尺寸 130mm 有关的对刀尺寸（127±0.10）mm，对刀基准为定位元件的定位面，塞尺取 $3_{-0.014}^{0}$mm。位置公差 ϕ100H6 孔轴线对定位键侧面 C 的垂直度公差为ϕ0.01mm/100mm。

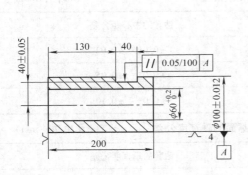

图1-15 衬套零件简图

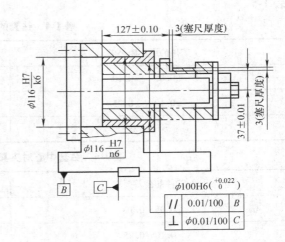

图1-16 铣床夹具标注示例

尺寸公差校核（$\delta_{k1}=0.10$mm）如下：

1）$\Delta_D=\Delta_Y=$（0.022+0.012）mm=0.034mm。

2）$\Delta_T=$（0.014+0.02）mm=0.034mm。

3）$\Delta_A=0$。

4）设 $\Delta_G=0.02$mm。

5）计算$\sum\Delta$ 得

$$\sum\Delta=\sqrt{0.034^2+0.034^2+0.02^2}\text{mm}=0.05\text{mm}<\delta_{k1}$$

故夹具尺寸公差设计合理。

校核位置公差（$\delta_{k2}=0.05$mm/100mm）：

1）$\Delta_D=$（0.022+0.012）mm/110mm=0.034mm/110mm（定位套长度 110mm）。

2）$\Delta_A+\Delta_T=0.03$mm/300mm。

3）计算$\sum\Delta$ 得

$$\sum\Delta=\sqrt{(0.034/110)^2+(0.03/300)^2}=0.032\text{mm}/100\text{mm}<\delta_{k2}$$

故此项设计也合理。

铣床夹具对刀块工作表面及定位键侧面与定位表面的位置公差可参见表1-3。

表1-3　对刀块工作表面及定位键侧面与定位表面的位置公差

工件加工要求/ mm	夹具的位置公差
0. 05 ~ 0. 10	(0. 01 ~ 0. 02)/100
0. 10 ~ 0. 20	(0. 02 ~ 0. 05)/100
> 0. 20	(0. 05 ~ 0. 10)/100

（3）钻床夹具　一般钻床夹具的加工精度是很低的，故当加工精度要求较高时，应采用导柱铰刀加工，以减小导向误差。

一般精度的钻套，其中心距公差可见表1-4，钻套中心对夹具体基面的垂直度公差可见表1-5。

表1-4　钻套的中心距公差　　　　　　　　　　　　（单位：mm）

工件的中心距公差	钻套的中心距公差
± 0. 05 ~ ± 0. 10	± 0. 01 ~ ± 0. 02
± 0. 10 ~ ± 0. 25	± 0. 02 ~ ± 0. 05
> ± 0. 25	± 0. 05 ~ ± 0. 10

表1-5　钻套中心对夹具体基面的垂直度公差　　　　　　　（单位：mm）

工件的公差要求	钻套的垂直度公差
0. 05 ~ 0. 10	0. 01 ~ 0. 02
0. 10 ~ 0. 25	0. 02 ~ 0. 05
>0. 25	0. 05

下面仅举例说明位置公差的标注方法及其对加工精度的影响。图1-17 所示为短轴零件简图。加工 ϕ16H9 孔，加工的位置精度要求为：

1）ϕ16H9 孔轴线对 ϕ50h7 外圆轴线的垂直度公差为 0. 10mm/100mm。

2）ϕ16H9 孔轴线对 ϕ50h7 外圆轴线的对称度公差为 0. 10mm。

夹具的结构和位置公差的标注如图1-18 所示。图中标注了三项位置公差。

位置精度（δ_{k1} = 0. 10mm/100mm，δ_{k2} = 0. 10mm）校核如下：

1）影响位置公差 δ_{k1} 的因素有三项：

$$\Delta_A = 0.01\text{mm}/100\text{mm}（\text{V 形块标准圆对夹具体基面 } B \text{ 的平行度公差}）$$

$$\Delta_A + \Delta_T = 0.02\text{mm}/100\text{mm}（\text{铰套轴线对夹具体基面 } B \text{ 的垂直度公差}）$$

$$\Delta_T = (0.05 - 0.014)\text{mm}/48\text{mm}$$

$$= 0.075\text{mm}/100\text{mm}（\text{铰刀尺寸为 } \phi16^{+0.026}_{+0.014}\text{mm 时的歪斜公差}）$$

按概率法计算得

$$\Sigma \Delta = \sqrt{(0.01/100)^2 + (0.02/100)^2 + (0.075/100)^2} = 0.078 \text{mm}/100 \text{mm} < \delta_{k1}$$

故夹具的精度较低。

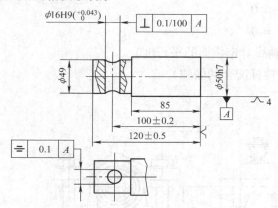

图 1-17 短轴零件简图

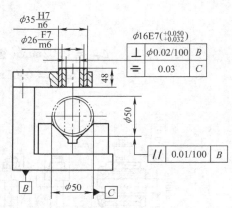

图 1-18 钻床夹具位置公差标注示例

2）影响位置公差 δ_{k2} 的因素有两项：

$$\Delta_{T1} = 0.03 \text{mm}（铰套中心对 V 形块标准圆中心的对称度公差）$$

$$\Delta_{T2} = (0.050 - 0.014) \text{mm}$$

$$= 0.036 \text{mm}（铰刀与铰套的配合间隙，不计刀具中心的倾斜）$$

将误差合成得

$$\sqrt{0.03^2 + 0.036^2} \text{mm} = 0.046 \text{mm} < \delta_{k2}$$

故此项夹具精度也较低。

（4）镗床夹具 图 1-19 所示为尾座零件简图。加工 $\phi60\text{H6}$ 孔，并用刮面刀加工端面，加工时尾座与底板装配成合件，主要技术要求为：

1）$\phi60\text{H6}$ 孔的总高度尺寸为 $160.25^{+0.05}_{0}$ mm。

2）$\phi60\text{H6}$ 孔轴线对底板导轨面的平行度公差为 0.07 mm。

夹具结构及有关标注如图 1-20 所示。

1）校核尺寸 $160.25^{+0.05}_{0}$ mm（ $\delta_{k1} = 0.05$ mm）：

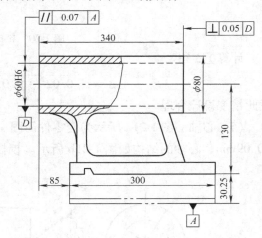

图 1-19 尾座零件简图

$$\Delta_D = 0$$

$$\Delta_A = 0（镗杆双面导向）$$

$$\Delta_{T1} = 0.01 \text{mm}$$

$$\Delta_{T2} = 0.01 \text{ mm}（镗杆配合的间隙）$$

计算 $\Sigma \Delta$ 得

$$\Sigma \Delta = \sqrt{0.01^2 + 0.01^2} \text{mm} = 0.014 \text{mm} < \delta_{k1}$$

则镗模具有很高的精度。

2）校核位置公差（$\delta_{k2} = 0.07\mathrm{mm}$）：

$$\Delta_D = 0$$

$$\Delta_A = 0$$

$$\Delta_{T1} = 0.02\mathrm{mm}（镗套轴线对定位面的平行度）$$

$$\Delta_{T2} = 0.01\mathrm{mm}（镗杆配合的间隙）$$

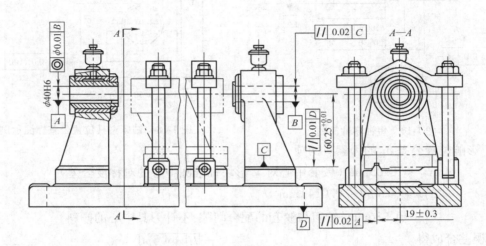

图 1-20　镗床夹具标注示例

计算 $\sum \Delta$ 得

$$\sum \Delta = \sqrt{0.02^2 + 0.01^2}\mathrm{mm} = 0.023\mathrm{mm} < \delta_{k2}$$

故此精度设计合理。

（5）心轴　图 1-21a 所示为套零件简图。加工外圆 $\phi 45\mathrm{e}8$，主要技术要求为同轴度公差 $\phi 0.09\mathrm{mm}$。心轴的结构如图 1-21b 所示。校核同轴度公差 $\phi 0.09\mathrm{mm}$ 如下：

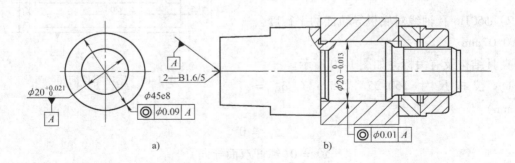

图 1-21　心轴的精度分析

1）$\Delta_B = 0$，$\Delta_Y = X_{\max} = (0.021 + 0.013)\ \mathrm{mm} = 0.034\mathrm{mm}$，$\Delta_D = 0.034\mathrm{mm}$。

2）$\Delta_{A1} = 0.01\mathrm{mm}$。

3）计算 $\sum \Delta$ 得

$$\Sigma\Delta = \sqrt{0.01^2 + 0.034^2}\,\text{mm} = 0.035\text{mm} < \delta_k$$

故心轴设计合理。

模块 4　夹具的制造及工艺性

一、夹具的制造特点

夹具通常是单件制造，且制造周期很短。为了保证工件的加工要求，很多夹具要有较高的制造精度。企业的工具车间有多种加工设备，例如加工孔系的坐标镗床，加工复杂形面的万能铣床、精密车床和各种磨床等，都具有较好的加工性和加工精度。夹具制造中，除了生产方式与一般产品不同外，在应用互换性原则方面也有一定的限制，以保证夹具的制造精度。

二、保证夹具制造精度的方法

对于与工件加工尺寸直接有关的且精度较高的部位，在夹具制造时常用调整法和修配法来保证夹具精度。

1. 修配法的应用

对于需要采用修配法的零件，可在其图样上注明"装配时精加工"或"装配时与××件配作"等字样。

如图 1-22 所示，支承板和支承钉装配后，与夹具体合并加工定位面，以保证定位面对夹具体基面 A 的平行度公差。

图 1-23 所示为一钻床夹具保证钻套孔距

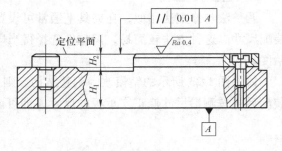

图 1-22　支承板和支承钉保证位置精度的方法

尺寸（10 ±0.02）mm 的方法。在夹具体 2 和钻模板 1 的图样上分别注明"配作"字样，其中钻模板上的孔可先加工至留 1mm 余量的尺寸，待测量出正确的孔距尺寸后，即可与夹具体合并加工出销孔 B。显然，原图上的 A_1、A_2 尺寸已被修正。这种方法又称为"单配"。图 1-24 所示的铣床夹具也用相同的方法来保证 V 形块标准圆轴线对夹具体找正面 A 的平行度公差。

车床夹具的误差 Δ_A 较大，对于同轴度要求较高的加工，即可在所使用的机床上加工出定位面来。如车床夹具的测量工艺孔和校正圆的加工，可通过过渡盘和所使用的车床连接后直接加工出来，从而使该两个加工面的中心线和车床主轴中心重合，获得较精确的位置精度。又如图 1-25 所示的采用机床自身加工的方法，加工时需夹持一个与装夹直径相同的试件（夹紧力也相似），然后车削软爪即可使自定心卡盘达到较高的精度，卡盘重新安装时需再加工卡爪的定位面。

镗床夹具也常采用修配法。例如将镗套的内孔与所使用的镗杆的实际尺寸单配间隙在

0.008~0.01mm 内，即可使镗模具有较高的导向精度。

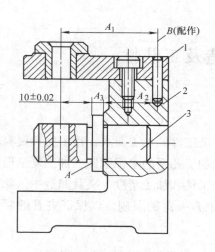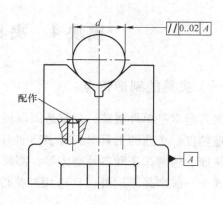

图 1-23　钻模的修配法　　　　　　　图 1-24　铣床夹具保证位置精度的方法

1—钻模板　2—夹具体　3—定位轴

夹具的修配法都涉及夹具体的基面，从而不致使各种误差累积，达到预期的精度要求。

2. 调整法的应用

调整法与修配法相似，在夹具上通常可设置调整垫圈、调整垫板、调整套等元件来控制装配尺寸。这种方法较简易，调整件选择得当即可补偿其他元件的误差，以提高夹具的制造精度。

如将图 1-23 所示的钻模改为调整结构，则只要增设一个支承板（见图 1-26），待钻模板装配后再按测量尺寸修正支承板的尺寸 A 即可。

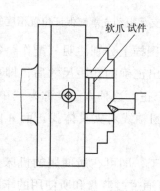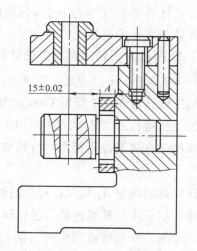

图 1-25　自定心卡盘的修配法　　　　　　图 1-26　钻模的调整法

前面图 1-14 所示的角铁式车床夹具，由于角铁和夹具体做成整体式，要保证尺寸（60±0.005）mm 是比较困难的，若将角铁和夹具体分离，在装配时拼装调整或在整体式的角铁上加一调整垫板（支承板），通过调整高度尺寸来保证尺寸（60±0.005）mm 就较容易。

三、夹具的验证

夹具的验证是夹具设计的最终结果，主要包括精度验证和生产率验证两部分内容。

1. 夹具精度的验证

本项目模块 3 中所讲述的夹具精度分析是一种静态的分析方法，通过对各种误差的估算，得以科学地制订出夹具的尺寸公差和位置公差。然而夹具真正的精度是以能否加工出合格的工件为标准的，故夹具精度的验证是一种动态的精度分析方法。

当夹具加工的超差方向和数值稳定时，可参照下列内容对夹具加以修正：

1）夹具的精度不足。

2）夹具安装不正确或安装时夹具体变形。

3）导向精度不足或刀具磨损。

4）所选用的机床精度偏低。

5）车床夹具受离心力的影响。

6）夹具体刚度不足。

7）机床刚度不足。

8）工件刚度不足。

当夹具加工的超差方向不变但数值不稳定时，可按以下情况分析查找：

1）工件基面的误差。

2）夹紧误差的影响。

3）由切削力引起的变形。

4）毛刺的影响。

5）夹紧时工件的走动。

6）基准不重合。

为了提高夹具的整体精度，可采用以下几个主要措施：

1）提高关键元件的制造精度，减小配合产生的误差。

2）关键元件间在可能的条件下尽量设置调整环节，以提高关键元件间的位置精度。

影响加工精度的因素是多方面的，设计时应抓住其中的主要因素，使所设计的夹具精度符合加工精度要求。

2. 夹具生产率的验证

影响夹具生产率的主要因素有以下几点：

1）操作过程中需要装卸部分的配合间隙太小。

2）装夹工件的动作繁多，不能快速夹紧。

3）辅助支承的操作不方便。

4）切屑的排除不方便。

5）由于夹具的刚度不足而减小切削用量。

6）切削时空行程太长。

除了夹具本身的问题外，有时工艺路线的制订也对生产率有很大影响，因此必须全面考虑。

四、夹具的结构工艺性

夹具的结构工艺性主要表现为夹具零件制造、装配、调试、测量、使用等方面的综合性能。夹具零件的一般标准和铸件的结构要素等，均可查阅有关手册进行设计。以下就夹具零部件的加工、维修、装配、测量等工艺性进行分析。

1. 注意加工和维修的工艺性

夹具主要元件的联接定位采用螺钉和销钉。图 1-27a 所示的销钉孔制成通孔，以便于维修时能将销钉压出；图 1-27b 所示的销钉则可以利用销钉孔底部的横向孔拆卸；图 1-27c 所示为常用的带内螺纹的圆锥销（GB/T 118—2000）。

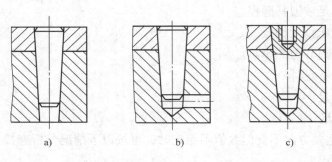

a)   b)   c)

图 1-27　销联接的工艺性

图 1-28 所示为两种可维修的衬套结构，它们在衬套的底部设计有螺孔或缺口槽，以便使用工具将其拔出。

图 1-29 所示为几种螺纹联接结构。图 1-29a 中的螺孔太长；图 1-29d 所用的螺钉太长且突出外表面，在设计时都要避免。

2. 注意装配、测量的工艺性

夹具的装配、测量是夹具制造的重要环节。无论是用修配法或调整法装配，还是用检具检测夹具精度时，都应处理好基准问题。

为了使夹具的装配、测量具有良好的工艺性，应遵循基准统一原则。以夹具体的基面为统一的基准，便于装配、测量，保证夹具的制造精度。

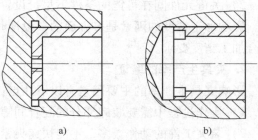

a)   b)

图 1-28　衬套连接的工艺性

如图 1-14 所示的车床夹具，其垂直度、平行度公差的设计基准为夹具体的基面 B；其同轴度的设计基准为夹具体的基面 A，它们的基准统一且重合。图 1-16 所示的铣床夹具所标注的平行度公差也以夹具体为基准。图 1-18 所示的垂直度公差如按基准重合原则，则应以 V 形块的标准圆为基准，但这种方法的工艺性较差。图 1-20 所示的镗床夹具，其夹具体的基面 D 从理论上而言是与精度无关的，但为了方便夹具的制造，仍应以此为统一的工艺基准。

图 1-30a 所示为用数显高度游标尺测量钻模孔距的方法。由于盖板式钻模没有夹具体，故直接用钻模板及定位元件作为测量基准。

图 1-30b 所示为用检验棒和量块测量 V 形块标准圆中心高和平行度的方法。

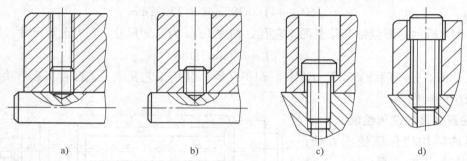

图 1-29　螺纹联接的工艺性
a）成本较高　b）较好　c）好　d）较差

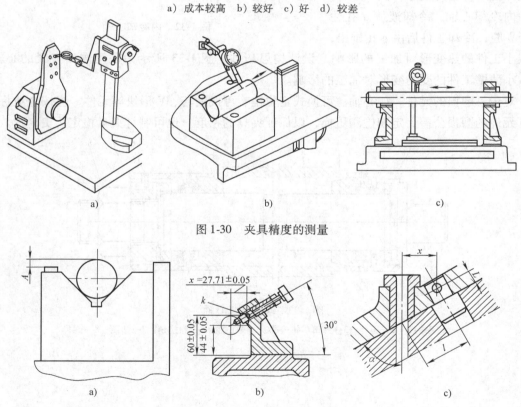

图 1-30　夹具精度的测量

图 1-31　工艺凸台和工艺孔的应用
a）工艺凸台　b）、c）工艺孔

图 1-30c 所示为用检验棒测量镗模导向孔平行度的方法。装配时，可通过修刮支架的底面来保证镗模中心高尺寸和平行度要求。

当夹具体的基面不能满足上述要求时，可设置工艺孔或工艺凸台。图 1-31 所示为两种常用的工艺方法。图 1-31a 所示为测量 V 形架中心位置的工艺凸台，可控制其尺寸 A。当尺寸较复杂时，可用工艺孔控制，如图 1-31b 所示的测量定位销座位置的工艺孔 k。当工件中心高为 44mm 时，可先设定工艺孔至定位座底面的高度尺寸为（60 ± 0.05）mm，工艺孔水平方向的尺寸 x 可计算得

$$x = (60 - 44)\tan30°\text{mm} = 27.71\text{mm}$$

图 1-31c 所示为测量钻套位置的工艺孔，图中 l、α 为已知尺寸，L 为设定尺寸，则

$$x = (l - L/\tan\alpha)\sin\alpha$$

工艺孔的直径一般为 $\phi6H7$、$\phi8H7$、$\phi10H7$ 等。使用工艺孔或工艺凸台可以解决上述装配、测量中的问题。

3. 注意夹具的使用性能

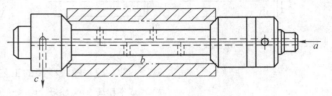

夹具的结构应保证使用方便，并协调好与加工的关系，防止工件产生热变形或受力变形。图 1-32 所示为内冷却心轴，冷却液从 a 孔注入至 b 腔，冷却工件后由 c 孔排出，

图 1-32　内冷却心轴

以减小工件的热变形对加工的影响，设计构思巧妙。图 1-33 所示为采用端面夹紧的心轴，以减小薄壁工件的受力变形对加工的影响。

对于易磨损的元件，如心轴、可换式定位销、可换钻套、V 形块等元件，应按企业标准制订元件的磨损公差，定期检测更换，以保证夹具的精度。也可制订夹具检定历史卡片。

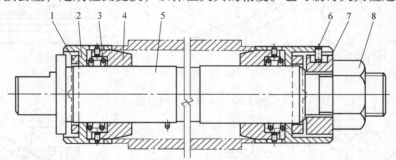

图 1-33　端面夹紧心轴

1—十字垫圈　2—压环　3—弹簧　4—顶尖　5—心轴　6—圆柱销　7—垫圈　8—螺母

项目二　专用夹具设计实训

模块1　钻夹具设计

图 2-1 所示为托架工序图，工件的材料为铸铝，年产量为 1000 件，已加工面为 $\phi33H7$ 孔及其两端面 A、C 和距离为 44mm 的两侧面 B。本工序加工两个 M12mm 的底孔 $\phi10.1$mm，试设计钻模。

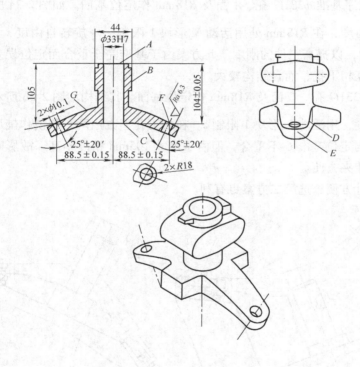

图 2-1　托架工序图

一、工艺分析

1. 工件加工要求

1）$\phi10.1$mm 孔轴线与 $\phi33H7$ 孔轴线的夹角为 $25°\pm20'$。

2）$\phi10.1$mm 孔到 $\phi33H7$ 孔轴线的距离为（88.5 ± 0.15）mm。

3）两加工孔对两个 $R18$mm 轴线组成的中心面对称（未注公差）。

此外，尺寸 105mm 是为了方便斜孔钻模的设计和计算而必须标注的工艺尺寸。

2. 工序基准

根据以上要求,工序基准为 ϕ33H7 孔、A 面及两个 R18mm 的中间平面。

3. 其他一些需要考虑的问题

为保证钻套及加工孔轴线垂直于钻床工作台面,主要限位基准必须倾斜。主要限位基准相对钻套轴线倾斜的钻模称为斜孔钻模;设计斜孔钻模时,需设置工艺孔;两个 ϕ10.1mm 孔应在一次装夹中加工,因此钻模应设置分度装置。工件加工部位刚度较差,设计时应考虑加强。

二、托架斜孔分度钻模结构设计

1. 定位方案和定位装置的设计

方案 1:选工序基准 ϕ33H7 孔、A 面及 R18mm 作定位基面。如图 2-2a 所示,以心轴和端面限制五个自由度,在 R18mm 处用活动 V 形块 1 限制一个旋转自由度 $\hat{z}$。加工部位设置两个辅助支承钉 2,以提高工件的刚度。此方案由于基准完全重合而定位误差小,但夹紧装置与导向装置易互相干扰,而且结构较大。

方案 2:选 ϕ33H7 孔、C 面及 R18mm 作定位基面。其结构如图 2-2b 所示,心轴及其端面限制五个自由度,用活动 V 形块 1 限制 $\hat{z}$。在加工孔下方用两个斜楔作辅助支承。此方案虽然工序基准 A 与定位基准 C 不重合,但由于尺寸 105mm 精度不高,故影响不大;此方案结构紧凑,工件装夹方便。

为使结构设计方便,选第二方案更有利。

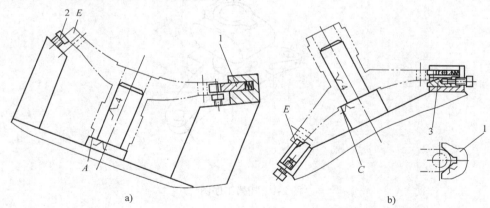

a)　　　　　　　　　　　　　　　　　　　b)

图 2-2　托架定位方案

1—活动 V 形块　2—辅助支承钉　3—斜楔辅助支承

2. 导向方案

由于两个加工孔是螺纹底孔,在装卸方便的情况下,尽可能选用固定式钻模板。导向方案如图 2-3a 所示。

3. 夹紧方案

为便于快速装卸工件,采用螺钉及开口垫圈夹紧机构,如图 2-3b 所示。

4. 分度方案

由于两个 φ10.1mm 孔对 φ33H7 孔的对称度要求不高（未标注公差），设计一般精度的分度装置即可。如图 2-3c 所示，回转轴 1 与定位心轴做成一体，用销钉与分度盘 3 连接，在夹具体 6 的回转套 5 中回转。采用圆柱对定销 2 对定、锁紧螺母 4 锁紧。此分度装置结构

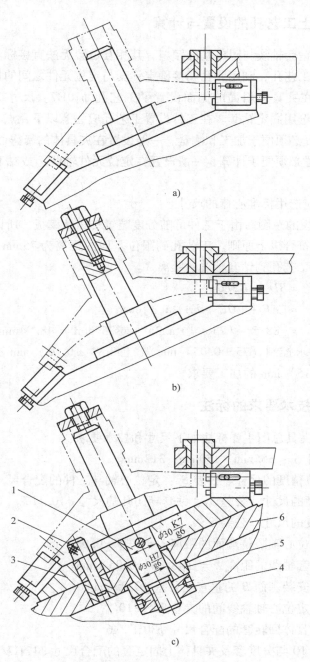

图 2-3　托架导向、夹紧、分度方案

1—回转轴　2—圆柱对定销　3—分度盘　4—锁紧螺母　5—回转套　6—夹具体

简单、制造方便，能满足加工要求。

5. 夹具体

选用铸造夹具体，夹具体上安装分度盘的表面与夹具体安装基面 B 成 25°±10′倾斜角，安装钻模板的平面与 B 面平行，安装基面 B 采用两端接触的形式。在夹具体上设置工艺孔。

三、斜孔钻模上工艺孔的设置与计算

在斜孔钻模上，钻套轴线与限位基准倾斜，其相互位置无法直接标注和测量，为此常在夹具的适当部位设置工艺孔，利用此孔间接确定钻套与定位元件之间的尺寸，以保证加工精度。如图 2-4 所示，在夹具体斜面的侧面设置了工艺孔 ϕ10H7。尺寸 105mm 可直接钻出；又因批量不大，故宜选用固定钻套。在工件设置工艺孔应注意以下几点：

1）工艺孔的位置必须便于加工和测量，一般设置在夹具体的暴露面上。

2）工艺孔的位置必须便于计算，一般设置在定位元件轴线上或钻套轴线上，在两者交点上更好。

3）工艺孔尺寸应选用标准心棒的尺寸。

图 2-4 是托架钻模的总图。由于工件可随分度装置转离钻模板，所以装卸很方便。

本方案的工艺孔符合以上原则。工艺孔到限位基面的距离为 75mm。通过图 2-5 所示的几何关系，可以求出工艺孔到钻套轴线的距离 X。

$$X = BD = BF\cos\alpha$$
$$= [AF - (OE - EA)\tan\alpha]\cos\alpha$$
$$= [88.5 - (75 - 1)\tan25°]\cos25°\text{mm} = 48.94\text{mm}$$

在夹具制造中要求控制（75±0.05）mm 及（48.94±0.05）mm 这两个尺寸，即可间接地保证（88.5±0.15）mm 的加工要求。

四、夹具总图技术要求的标注

如图 2-4 所示，夹具总图主要标注如下尺寸和技术要求：

1）最大轮廓尺寸 S_L：355mm、150mm、312mm。

2）影响工件定位精度的尺寸、公差 S_D：定位心轴与工件的配合尺寸 ϕ33g6。

3）影响导向精度的尺寸、公差 S_T：钻套导向孔的尺寸 ϕ10.1F7。

4）影响夹具精度的尺寸、公差 S_J：

① 工艺孔到定位心轴限位端面的距离 L =（75±0.05）mm。

② 工艺孔到钻套轴线的距离 X =（48.94±0.05）mm。

③ 钻套轴线对安装基面 B 的垂直度公差 ϕ0.05mm。

④ 钻套轴线与定位心轴轴线间的夹角 25°±10′。

⑤ 回转轴与夹具体回转套的配合尺寸 ϕ30H7/g6。

⑥ 圆柱对定销 10 与分度套及夹具体上固定套的配合尺寸 ϕ12H7/g6。

5）其他重要尺寸：

① 回转轴与分度盘的配合尺寸 ϕ30K7/g6。

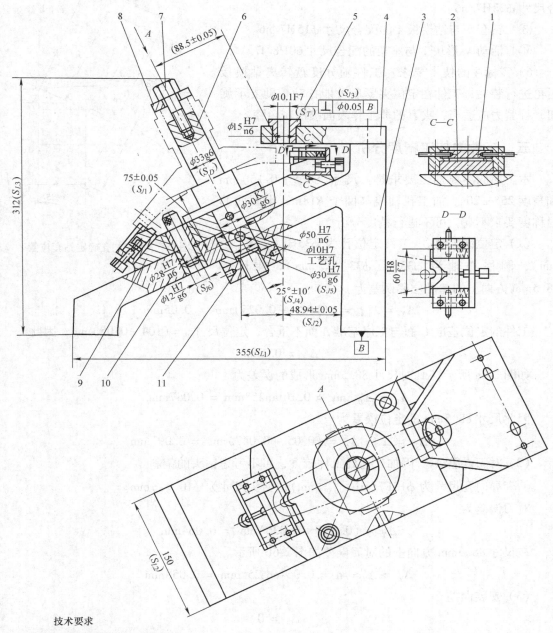

技术要求

1. 工件随分度盘转离钻模板后再进行装夹。
2. 工件在定位夹紧后才能拧动辅助支承旋钮，拧紧力应适当。
3. 夹具的非工作表面喷涂灰色漆。

图 2-4 托架钻模总图

1—活动 V 形块　2—斜楔辅助支承　3—夹具体　4—钻模板　5—钻套　6—定位心轴
7—夹紧螺钉　8—开口垫圈　9—分度盘　10—圆柱对定销　11—锁紧螺母

② 分度套与分度盘9及固定衬套与夹具体3的配合尺寸 φ28H7/n6。

③ 钻套5与钻模板4的配合尺寸 φ15H7/n6。

④ 活动 V 形块 1 与座架的配合尺寸 60H8/f7。

6）需标注的技术要求：工件随分度盘转离钻模板后再进行装夹；工件在定位夹紧后才能拧动辅助支承旋钮，拧紧力应适当；夹具的非工作表面喷涂灰色漆。

五、工件的加工精度分析

本工序的主要加工要求是：尺寸（88.5 ± 0.15）mm 和角度 25° ± 20′。加工孔轴线与两个 R18mm 半圆面的对称度要求不高，可不进行精度分析。

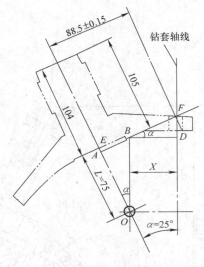

图 2-5　用工艺孔确定钻套位置

（1）定位误差 Δ_D　工件定位孔为 $\phi 33 \mathrm{H7}$（$\phi 33 ^{+0.025}_{0}$ mm），圆柱心轴为 $\phi 33 \mathrm{g6}$（$\phi 33 ^{-0.009}_{-0.025}$ mm），在尺寸 88.5mm 方向上的基准位移误差为

$$\Delta_Y = X_{\max} = (0.025 + 0.025)\mathrm{mm} = 0.05\mathrm{mm}$$

工件的定位基准 C 面与工序基准 A 面不重合，定位尺寸 $s = (104 \pm 0.05)\mathrm{mm}$，因此

$$\Delta'_B = 0.1\mathrm{mm}$$

如图 2-6a 所示，Δ'_B 对尺寸 88.5mm 形成的误差为

$$\Delta_B = \Delta'_B \tan\alpha = 0.10\tan 25° \mathrm{mm} = 0.047\mathrm{mm}$$

因此尺寸 88.5mm 的定位误差为

$$\Delta_D = \Delta_Y + \Delta_B = (0.05 + 0.047)\mathrm{mm} = 0.097\mathrm{mm}$$

（2）对刀误差 Δ_T　因加工孔处工件较薄，可不考虑钻头的偏斜。钻套导向孔尺寸为 $\phi 10 \mathrm{F7}$（$\phi 10 ^{+0.028}_{+0.013}$ mm）；钻头尺寸为 $\phi 10 ^{0}_{-0.036}$ mm。对刀误差为

$$\Delta'_T = (0.028 + 0.036)\mathrm{mm} = 0.064\mathrm{mm}$$

在尺寸 88.5mm 方向上的对刀误差如图 2-6b 所示。

$$\Delta_T = \Delta'_T \cos\alpha = 0.064\cos 25° \mathrm{mm} = 0.058\mathrm{mm}$$

（3）安装误差

$$\Delta_A = 0$$

（4）夹具误差 Δ_J　夹具误差由以下几项组成：

1）尺寸 L 的公差 $\delta_L = \pm 0.05\mathrm{mm}$，如图 2-6c 所示，它在尺寸 88.5mm 方向上产生的误差为

$$\Delta_{J1} = \delta_L \tan 25° = 0.046\mathrm{mm}$$

2）尺寸 δ_x 的公差，$\delta_x = \pm 0.05\mathrm{mm}$，它在尺寸 88.5mm 方向上产生的误差为

$$\Delta_{J2} = \delta_x \cos\alpha = 0.1\cos 25° \mathrm{mm} = 0.09\mathrm{mm}$$

3）钻套轴线对底面的垂直度公差 $\delta_\perp = 0.05\text{mm}$，它在尺寸 88.5mm 方向上产生的误差为

$$\Delta_{J3} = \delta_\perp \cos\alpha = 0.05\cos25°\text{mm} = 0.045\text{mm}$$

4）回转轴与夹具体回转套的配合间隙给尺寸 88.5 mm 造成的误差为

$$\Delta_{J4} = X_{\max} = (0.021 + 0.02)\text{mm} = 0.041\text{mm}$$

5）钻套轴线与定位心轴轴线的角度误差 $\Delta_{J\alpha} = \pm10'$，它直接影响角度 $25° \pm 20'$ 的精度。

6）分度盘误差仅影响两个 R18mm 的对称度，对尺寸 88.5mm 及角度 25°均无影响。

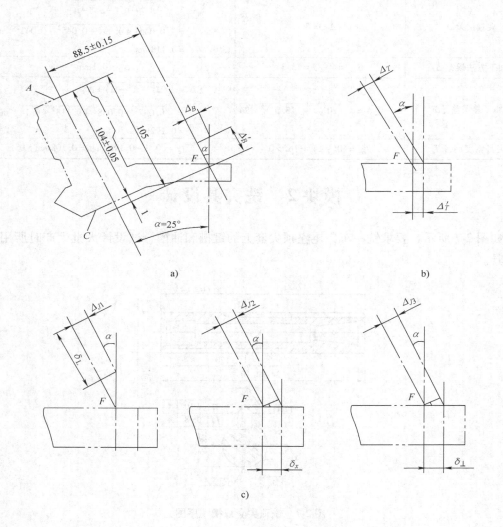

图 2-6 各项误差对加工尺寸的影响

（5）加工方法误差 Δ_G　对于孔距 （88.5 ±0.15） mm，$\Delta_G = 0.3\text{mm}/3 = 0.1\text{mm}$；对于角度 $25° \pm 20'$，$\Delta_{G\alpha} = 40'/3 = 13.3'$。

具体计算列于表 2-1 中。

经计算，该夹具有一定的精度储备，能满足加工尺寸的精度要求。

表 2-1　托架斜孔钻模加工精度计算

误差计算 误差名称　加工要求	角度 25°±20′	孔距 (88.5±0.15) mm
定位误差 Δ_D	0	$\Delta_D = \Delta_Y + \Delta_B = (0.05 + 0.047)\,\text{mm}$ $= 0.097\,\text{mm}$
对刀误差 Δ_T	（不考虑钻头偏斜）	$\Delta_T = \Delta_T' \cos\alpha = 0.064\cos 25°\,\text{mm} = 0.058\,\text{mm}$
夹具误差 Δ_J	$\Delta_{J\alpha} = 0$	$\sum\Delta = \sqrt{\Delta_{J1}^2 + \Delta_{J2}^2 + \Delta_{J3}^2 + \Delta_{J4}^2}$ $= \sqrt{0.046^2 + 0.09^2 + 0.045^2 + 0.041^2}\ \text{mm}$ $= 0.118\,\text{mm}$
加工方法误差 Δ_G	$\Delta_{G\alpha} = 40'/3 = 13.3'$	$\Delta_G = 0.1\,\text{mm}$
加工总误差 $\sum\Delta$	$\sum\Delta = \sqrt{(20')^2 + (13.3')^2} = 24'$	$\sum\Delta = \sqrt{\Delta_D^2 + \Delta_T^2 + \Delta_J^2 + \Delta_G^2}$ $= \sqrt{0.097^2 + 0.058^2 + 0.118^2 + 0.1^2}\ \text{mm}$ $= 0.192\,\text{mm}$
夹具精度储备 J_c	$J_{c\alpha} = 40' - 24' = 16' > 0$	$J_c = (0.3 - 0.192)\,\text{mm} = 0.108\,\text{mm} > 0$

模块 2　铣夹具设计

如图 2-7 所示，要求铣一车床尾座顶尖套上的键槽和油槽，试设计大批生产时所用的铣床夹具。

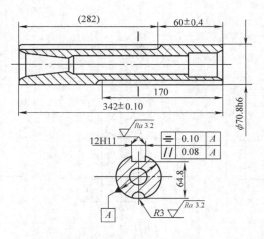

图 2-7　铣顶尖套双槽工序图

一、工艺分析

根据工艺规程，在铣双槽之前，其他表面均已加工好，本工序的加工要求是：

1）键槽宽 12H11。槽侧面对 $\phi70.8h6$ 轴线的对称度公差为 0.10 mm，平行度公差为 0.08mm。键槽深控制尺寸 64.8mm。键槽长度控制尺寸（60±0.4）mm。

2）油槽半径3mm，圆心在轴的圆柱面上。油槽长度170mm。

3）键槽与油槽的对称中心面应在同一平面内。

二、铣夹具结构设计

1. 定位方案

若先铣键槽后铣油槽，按加工要求，铣键槽时应限制五个自由度，铣油槽时应限制六个自由度。因为是大批生产，为了提高生产率，可在铣床主轴上安装两把直径相等的铣刀，同时对两个工件铣键槽和油槽，每进给一次，即能得到一个键槽和油槽均已加工好的工件，这类夹具称多工位加工铣床夹具。图2-8所示为顶尖套铣双槽的两种定位方案。

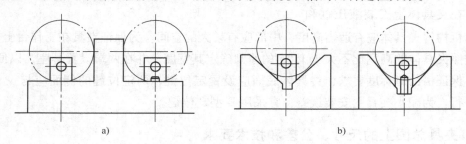

图2-8 顶尖套铣双槽定位方案

方案Ⅰ：工件以 $\phi70.8h6$ 外圆在两个互相垂直的平面上定位，端面加止推销，如图2-8a所示。

方案Ⅱ：工件以 $\phi70.8h6$ 外圆在V形块上定位，端面加止推销，如图2-8b所示。

为保证油槽和键槽的对称面在同一平面内，两方案中的第二工位（铣油槽工位）都需用一短销与已铣好的键槽配合，限制工件绕轴线的角度自由度。由于键槽和油槽的长度不等，要同时进给完毕，需将两个止推销沿工件轴线方向错开适当的距离。

比较以上两种方案，方案Ⅰ使加工尺寸64.8mm的定位误差为零，方案Ⅱ则使对称度的定位误差为零。由于尺寸64.8mm未注公差，加工要求低，而对称度的公差较小，故选用方案Ⅱ较好，从承受切削力的角度看，方案Ⅱ也较可靠。

2. 夹紧方案

根据夹紧力的方向应朝向主要限位面以及作用点应落在定位元件的支承范围内的原则，如图2-9所示，夹紧力的作用线应落在 β 区域内（N' 为接触点），夹紧力与垂直方向的夹角应尽量小，以保证夹紧稳定可靠。铰链压板的两个弧形面的曲率半径应大于工件的最大半径。

由于顶尖套较长，须用两块压板在两处夹紧。如果采用手动夹紧，工件装卸所花时间较多，不能适应大批生产的要求；若用气动夹紧，则夹具体积太大，不便安装在铣床工作台上，因此宜用液压夹紧，如图2-10所示。采用小型夹具用法兰式液压缸5固定在Ⅰ、Ⅱ工位之间，采用联动夹紧机构使两块压板7同时均匀地夹紧工件。液压缸的结构形式和活塞直径可参考《夹具手册》。

3. 对刀方案

键槽铣刀需两个方向对刀,故应采用侧装直角对刀块 6。由于两铣刀的直径相等,油槽深度由两工位 V 形块定位高度之差保证。两铣刀的距离（125 ± 0.03）mm 则由两铣刀间的轴套长度确定。因此,只需设置一个对刀块即能满足键槽和油槽的加工要求。

4. 夹具体与定位键

为了在夹具体上安装液压缸和

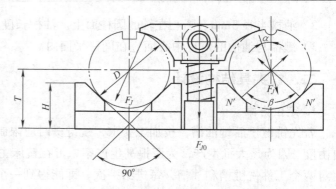

图 2-9　夹紧力的方向和作用点

联动夹紧机构,夹具体应有适当高度,中部应有较大的空间。为保证夹具在工作台上安装稳定,应按照夹具体的高宽比不大于 1.25 的原则确定其宽度,并在两端设置耳座,以便固定。

为了保证槽的对称度要求,夹具体底面应设置定位键,两定位键的侧面应与 V 形块的对称面平行。为减小夹具的安装误差,宜采用 B 型定位键。

三、夹具总图上的尺寸、公差和技术要求

1) 夹具最大轮廓尺寸 S_L 为 570mm、230mm、270mm。

2) 影响工件定位精度的尺寸和公差 S_D 为两组 V 形块的设计心轴直径 ϕ70.79mm、两止推销的距离（112 ± 0.1）mm、定位销 12 与工件上键槽的配合尺寸 ϕ12h8。

3) 影响夹具在机床上安装精度的尺寸和公差 S_A 为定位键与铣床工作台 T 形槽的配合尺寸 18h8（T 形槽尺寸为 18H8）。

4) 影响夹具精度的尺寸和公差 S_J 为两组 V 形块的定位高度（64 ± 0.02）mm、（61 ± 0.02）mm；Ⅰ工位 V 形块 8、10 设计心轴轴线对定位键侧面 B 的平行度公差 0.03mm；Ⅰ工位 V 形块设计心轴轴线对夹具底面 A 的平行度公差 0.05mm；Ⅰ工位与Ⅱ工位 V 形块的距离尺寸（125 ± 0.03）mm；Ⅰ工位与Ⅱ工位 V 形块设计心轴轴线间的平行度公差 0.03mm。对刀块的位置尺寸 $11_{-0.077}^{-0.047}$mm、$24.5_{-0.020}^{+0.010}$mm。

对刀块的位置尺寸 h 为限位基准到对刀块表面的距离。计算时,要考虑定位基准在加工尺寸方向的最小位移量 $i_{\min}$。

当最小位移量使加工尺寸增大时

$$h = H \pm s - i_{\min}$$

当最小位移量使加工尺寸缩小时

$$h = H \pm s + i_{\min}$$

式中　h——对刀块的位置尺寸:

　　　H——定位基准至加工表面的距离;

　　　s——塞尺厚度。

当工件以圆孔在心轴上定位或者以圆柱面在定位套中定位并在外力作用下单边接触时

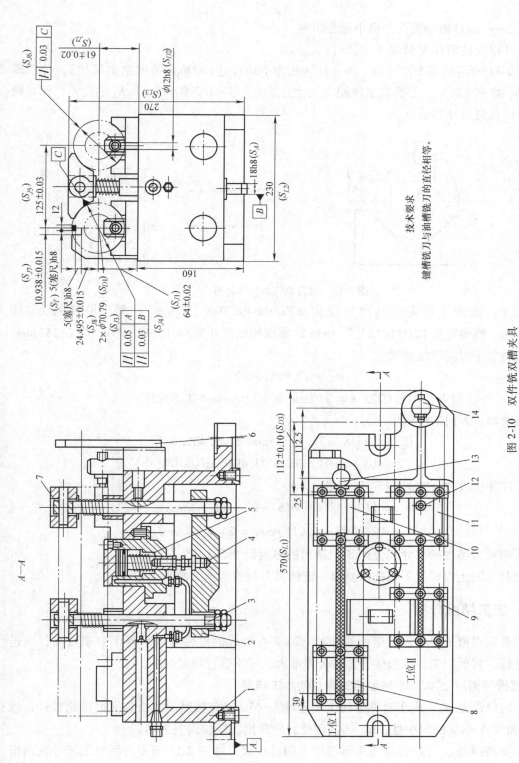

技术要求

键槽铣刀与油槽铣刀的直径相等。

图 2-10 双件铣双槽夹具

1—夹具体 2—浮动杠杆 3—螺杆 4—支承钉 5—液压缸 6—对刀块 7—压板 8,9,10,11—V 形块 12—定位销 13,14—止推销

$$i_{\min} = X_{\min}/2$$

式中　$X_{\min}$——圆柱面与圆孔的最小配合间隙。

当工件以圆柱面在 V 形块上定位时，$i_{\min} = 0$。

按图 2-11 所示的两个尺寸链，将各环转化为平均尺寸（对称偏差的基本尺寸），分别算出 h_1 和 h_2 的平均尺寸，然后取工件相应尺寸公差的 1/5 ~ 1/2 作为 h_1 和 h_2 的公差，即可确定对刀块的位置尺寸和公差。

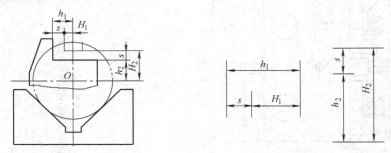

图 2-11　对刀块位置尺寸计算

本例中，由于工件定位基面直径为 $\phi70.8\text{h6}$（$\phi70.8_{-0.019}^{0}$ mm），塞尺厚度 s 为 5h8（$5_{-0.018}^{0}$）mm，键槽宽为 12H11（$12_{0}^{+0.011}$）mm，槽深控制尺寸为 64.8JS12 = （64.8 ± 0.15）mm，所以对刀块水平方向的位置尺寸

$$H_1 = 12.055\text{mm}/2$$

$$h_1 = （6.0275 + 4.91）\text{mm} = 10.938\text{mm}（基本尺寸）$$

对刀块垂直方向的位置尺寸为

$$H_2 = （64.8 - 70.79/2）\text{mm} = 29.405\text{mm}$$

$$h_2 = （29.405 - 4.91）\text{mm} = 24.495\text{mm}（基本尺寸）$$

取工件相应尺寸公差的 1/5 ~ 1/2 得

$$h_1 = （10.938 ± 0.015）\text{mm} = 11_{-0.077}^{-0.047}\text{mm}$$

$$h_2 = （24.495 ± 0.015）\text{mm} = 24.5_{-0.020}^{+0.010}\text{mm}$$

5）影响对刀精度的尺寸和公差 S_T：塞尺的厚度尺寸 5h8 = $5_{-0.018}^{0}$mm。

6）夹具总图上应标注下列技术要求：键槽铣刀与油槽铣刀的直径相等。

四、加工精度分析

顶尖套铣双槽工序中，键槽两侧面对 $\phi70.8\text{h6}$ 轴线的对称度和平行度要求较高，应进行精度分析，其他加工要求未注公差或公差很大，可不进行精度分析。

1. 键槽侧面对 $\phi70.8\text{h6}$ 轴线的对称度的加工精度

（1）定位误差 Δ_D　由于对称度的工序基准是 $\phi70.8\text{h6}$ 轴线，定位基准也是此轴线，故 $\Delta_B = 0$。由于 V 形块的对中性，$\Delta_Y = 0$。因此，对称度的定位误差为零。

（2）安装误差 Δ_A　定位键在 T 形槽中有两种位置，如图 2-12 所示。因加工尺寸在两定位键之间，按图 2-12a 所示计算如下：

$$\Delta_A = X_{\max} = (0.027 + 0.027)\,\mathrm{mm} = 0.054\mathrm{mm}$$

若加工尺寸在两定位键之外，则应按图 2-12b 所示计算如下：

$$\Delta_A = X_{\max} + 2L\tan\Delta\alpha$$

$$\tan\Delta\alpha = X_{\max}/L_0$$

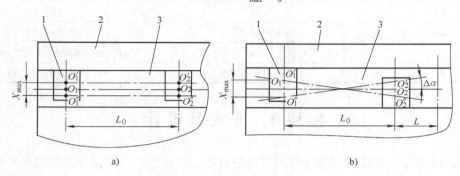

图 2-12 顶尖套铣双槽夹具的安装误差

1—定位键 2—工作台 3—T 形槽

（3）对刀误差 Δ_T 对称度的对刀误差等于塞尺厚度的公差，即 $\Delta_T = 0.018\mathrm{mm}$。

（4）夹具误差 Δ_J 影响对称度的误差有：I 工位 V 形块设计心轴轴线对定位键侧面 B 的平行度公差 $0.03\mathrm{mm}$、对刀块水平位置尺寸 $11^{-0.047}_{-0.077}\mathrm{mm}$ 的公差，所以

$$\Delta_J = (0.03 + 0.03)\,\mathrm{mm} = 0.06\mathrm{mm}$$

2. 键槽侧面对 $\phi70.8\mathrm{h6}$ 轴线的平行度的加工误差

（1）定位误差 Δ_D 由于两 V 形块 8、10（见图 2-10）一般在装配后一起精加工 V 形面，它们的相互位置误差极小，可视为一长 V 形块，所以 $\Delta_D = 0$。

（2）安装误差 Δ_A 当定位键的位置如图 2-12a 所示时，工件的轴线相对工作台导轨平行，所以 $\Delta_A = 0$。

当定位键的位置如图 2-12b 所示时，工件的轴线相对工作台导轨有转角误差，使键槽侧面对 $\phi70.8\mathrm{h6}$ 轴线产生平行度误差，故

$$\Delta_A = L\tan\Delta\alpha = (0.054/400 \times 282)\,\mathrm{mm} = 0.038\mathrm{mm}$$

（3）对刀误差 Δ_T 由于平行度不受塞尺厚度的影响，所以 $\Delta_T = 0$。

（4）夹具误差 Δ_J 影响平行度的制造误差是 I 工位 V 形块设计心轴轴线与定位键侧面 B 的平行度公差 $0.03\mathrm{mm}$，所以 $\Delta_J = 0.03\mathrm{mm}$。

总加工误差 $\sum\Delta$ 和精度储备 J_e 的计算见表 2-2。经计算可知，顶尖套铣双槽夹具不仅可以保证加工要求，还有一定的精度储备。

表 2-2 顶尖套铣双槽夹具的加工误差 （单位：mm）

误差代号 \ 加工要求	对称度公差为 0.1	平行度公差为 0.08
Δ_D	0	0
Δ_A	0.054	0.038

（续）

加工要求 误差代号	对称度公差为 0.1	平行度公差为 0.08
Δ_T	0.018	0
Δ_J	0.06	0.03
Δ_G	$0.1/3 = 0.033$	$0.08/3 = 0.027$
$\sum\Delta$	$\sqrt{0.054^2 + 0.018^2 + 0.06^2 + 0.033^2} = 0.089$	$\sqrt{0.038^2 + 0.03^2 + 0.027^2} = 0.055$
J_c	$0.1 - 0.089 = 0.011$	$0.08 - 0.055 = 0.025$

模块 3　车夹具设计

如图 2-13 所示，加工液压泵上体的三个阶梯孔，中批生产，试设计所需的车床夹具。

一、工艺分析

根据工艺规程，在加工阶梯孔之前，工件的顶面与底面、$2 \times \phi 8H7$ 孔和 $2 \times \phi 8mm$ 孔均已加工好。本工序的加工要求有：三个阶梯孔的距离为 $(25 \pm 0.1)mm$、三孔轴线与底面的垂直度、中间阶梯孔与四小孔的位置度。后两项未注公差，加工要求较低。

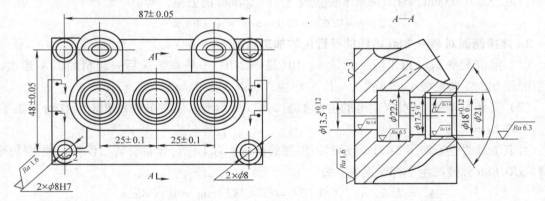

图 2-13　液压泵上体车孔零件图

二、夹具的结构设计

根据加工要求，可设计成花盘式车床夹具。这类夹具的夹具体是一个大圆盘（俗称花盘），在花盘的端面上固定着定位元件、夹紧元件及其他辅助元件，夹具的结构不对称。

1. 定位装置

根据加工要求和基准重合原则，应以底面和两个 $\phi 8H7$ 孔定位，定位元件采用"一面两销"，定位孔与定位销的主要尺寸如图 2-14 所示。

1）两定位孔中心距 L 及两定位销中心距 l_0。因

$$L = \sqrt{87^2 + 48^2}mm = 99.36mm$$

$$L_{max} = \sqrt{87.05^2 + 48.05^2}\,mm = 99.43mm$$

$$L_{min} = \sqrt{86.95^2 + 47.95^2}\,mm = 99.29mm$$

所以　$L = (99.36 \pm 0.07)\,mm$。

取　$l_0 = (99.36 \pm 0.02)\,mm$

2）取圆柱销直径为 $\phi 8g6 = \phi 8^{-0.005}_{-0.014}$ mm。

3）查《夹具手册》得菱形销尺寸 $b = 3mm$。

4）菱形销的直径

$$a = (\delta_{Ld} + \delta_{ld})/2$$
$$= (0.14 + 0.04)\,mm/2 = 0.09mm$$

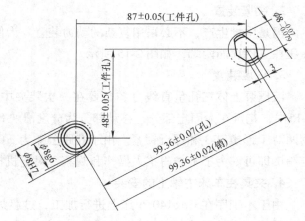

图 2-14　定位孔与定位销的尺寸

$$X_{2min} = \frac{2ab}{D_{2min}} = 2 \times 0.09 \times 3mm/8 = 0.07mm$$

$$d_{2max} = D_{2max} - X_{2min} = 8mm - 0.07mm = 7.93mm$$

菱形销直径的公差等级取 IT6，为 0.009mm，得菱形销的直径为 $\phi 8^{-0.07}_{-0.079}$ mm。

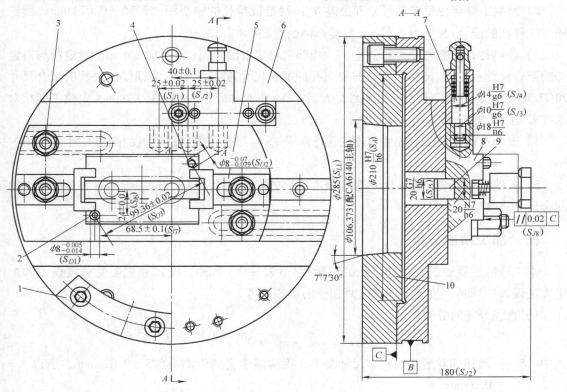

图 2-15　液压泵上体车三孔夹具

1—平衡块　2—圆柱销　3—T 形螺钉　4—菱形销　5—螺旋压板　6—花盘　7—对定销
8—分度滑块　9—导向键　10—过渡盘

2. 夹紧装置

因是中批生产，不必采用复杂的动力装置。为使夹紧可靠，采用两副移动式螺旋压板 5 夹压在工件顶面两端，如图 2-15 所示。

3. 分度装置

液压泵上体三孔呈直线分布，要在一次装夹中加工完毕，需设计直线分度装置。在图 2-15 中，花盘 6 为固定部分，移动部分为分度滑块 8。分度滑块与花盘之间用导向键 9 连接，用两对 T 形螺钉 3 和螺母锁紧。由于孔距公差为 ±0.1mm，分度精度不高，用手拉式圆柱对定销 7 即可。为了不妨碍工人操作和观察，对定机构不宜轴向布置，而应径向安装。

4. 夹具在车床主轴上的安装

由于本工序在 CA6140 车床上进行加工，过渡盘应以短圆锥面和端面在主轴上定位，用螺钉紧固，有关尺寸可查阅《夹具手册》。花盘的止口与过渡盘凸缘的配合为 H7/h6。在花盘的外圆上设置找正圆 B。

三、夹具总图上尺寸、公差和技术要求的标注

1）最大外形轮廓尺寸 S_L：直径 $\phi285$mm 和长度 180mm。

2）影响工件定位精度的尺寸和公差 S_D：两定位销孔的中心距（99.36 ±0.02）mm、圆柱销与工件孔的配合尺寸 $\phi8_{-0.014}^{-0.005}$mm 及菱形销的直径 $\phi8_{-0.079}^{-0.07}$mm。

3）影响夹具精度的尺寸和公差 S_J：相邻两对定套的距离（25 ±0.02）mm、对定销与对定套的配合尺寸 $\phi10H7/g6$、对定销与导向孔的配合尺寸 $\phi14H7/g6$、导向键与夹具的配合尺寸 20G7/h6 以及圆柱销 2 到加工孔轴线的尺寸（24 ±0.1）mm、（68.5 ±0.1）mm，定位平面相对基准 C 的平行度公差为 0.02mm。

4）影响夹具在机床上安装精度的尺寸和公差 S_A：夹具体与过渡盘的配合尺寸 $\phi210H7/h6$。

5）其他重要配合尺寸：对定套与分度滑块的配合尺寸 $\phi18H7/n6$；导向键与分度滑块的配合尺寸 20N7/h6。

四、加工精度分析

本工序的主要加工要求是三孔的孔距尺寸（25 ±0.1）mm。此尺寸主要受分度误差和加工方法误差的影响，故只要计算这两部分的误差即可。

1）直线分度的分度误差

$$\Delta_F = \sqrt{\delta^2 + X_1^2 + X_2^2 + e^2}$$

式中　δ——两相邻对定套的距离尺寸公差。因两对定套的距离为（25 ±0.02）mm，所以 δ = 0.04mm；

　　　X_1——对定销与对定套的最大配合间隙。因两者的配合尺寸是 $\phi10H7/g6$，$\phi10H7$ 为 $\phi10_{0}^{+0.015}$mm，$\phi10g6$ 为 $\phi10_{-0.014}^{-0.005}$mm，所以 $X_1 = （0.015 + 0.014）$mm = 0.029 mm；

X_2——对定销与导向孔的最大配合间隙。因两者的配合尺寸是 $\phi14H7/g6$，$\phi14H7$ 为 $\phi14^{+0.018}_{0}$ mm，$\phi14g6$ 为 $\phi14^{-0.006}_{-0.017}$ mm，所以 $X_2 = (0.018 + 0.017)$ mm $= 0.035$ mm。

e 为对定销的对定部分与导向部分的同轴度。设 $e = 0.01$ mm，因此

$$\Delta_F = \sqrt{0.04^2 + 0.029^2 + 0.035^2 + 0.01^2}\, \text{mm} = 0.061\, \text{mm}$$

2）加工方法误差 Δ_G。取加工尺寸公差 δ_k 的 $1/3$，加工尺寸公差 $\delta_k = 0.2$ mm，所以

$$\Delta_G = 0.2/3\, \text{mm} = 0.066\, \text{mm}$$

总加工误差 $\sum\Delta$ 和精度储备 J_c 的计算见表 2-3。

表 2-3　液压泵上体车三孔夹具的加工误差　　　　　　　　（单位：mm）

误差代号 ＼ 加工要求	25 ± 0.1
Δ_D	0
Δ_A	0
Δ_J	$\Delta_F = 0.061$
Δ_G	$0.2/3 = 0.066$
$\sum\Delta$	$\sqrt{0.061^2 + 0.066^2} = 0.09$
J_c	$0.2 - 0.09 = 0.11$

模块 4　夹具精度检测

一、实训目的

掌握钻、铣、车夹具的精度检测，从而确定获得夹具精度的有关装配方法。

二、实训器具

1）钻、铣、车三种专用夹具各一副。
2）各种测量工具。

三、实训步骤

1. 钻床夹具精度检测

1）钻套内孔轴线对夹具底面的垂直度测量。
2）钻套内孔轴线对定位心轴的对称度测量。

2. 铣床夹具精度检测

1）定位心轴对夹具底面和键侧面的平行度测量。
2）对刀块侧面对键侧面的平行度测量，对刀块水平面对夹具体底面的平行度测量。

3. 车床夹具精度测量

1）定位圆柱部分心轴轴线与两顶尖的径向全跳动测量。

2）定位端面与两顶尖孔轴线的垂直度测量。

四、实训报告

1）报告各种精度测量数据。
2）提出获得该精度的夹具装配工艺过程。

五、思考

获得夹具精度的装配方法有哪几种？

项目三　组合夹具应用实训

模块1　认识组合夹具

组合夹具是在夹具零部件标准化的基础上发展起来的模块式标准夹具。组合夹具元件具有高精度、高强度和高互换性，可组装成各种用途的夹具；用完可拆卸，清洗后可组装成新用途夹具。

组合夹具的优点是可以缩短生产准备周期，降低制造成本等，特别适用于单件、中小批量生产模式。夹具元件可循环使用，可减少夹具存量，可减少库房面积，便于计算机设计和管理。目前，国内许多大型企业为缓解夹具的供需矛盾，均采用组合夹具来解决专用夹具生产周期长、成本高的问题。

组合夹具分为槽系组合夹具、孔系组合夹具、孔槽结合的 LXT 柔性组合夹具。

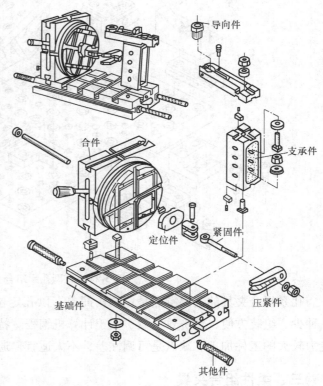

图 3-1　槽系组合夹具

一、槽系组合夹具

槽系组合夹具是 20 世纪 40 年代发展起来的，通过键与槽来确定元件之间相互位置的一种组合夹具（以槽定位、螺栓紧固），如图 3-1 所示。

1. 槽系组合夹具元件的分类

槽系组合夹具元件分为大（M16×1.5、M16）、中（M12×1.5、M12）、小（M8、M6）三个系列及基础件、支承件、定位件、导向件、压紧件、紧固件、其他件、合件八类元件。三个系列具有统一的尺寸节距，槽宽分为大型（16H7）和中型（12H7），螺栓直径分大、中、小型。用户可根据机床工作台或基础板尺寸以及被加工工件的外形尺寸选择所需的夹具元件。

2. 槽系组合夹具的优、缺点

优点：夹具元件组装灵活，可调性好。

缺点：元件之间靠摩擦力紧固，结合强度低，稳定性差。使用中遇到大的切削力或搬运、碰撞都会使夹具元件产生位移，降低精度，导致工件加工时不合格率增高。

二、孔系组合夹具

孔系组合夹具元件的连接采用两个圆柱销定位，一个螺钉紧固。孔系组合夹具较槽系组合夹具有更高的刚度，且结构紧凑。图 3-2 所示为我国近年制造的 KD 型孔系组合夹具。其定位孔径为 $\phi16.01H6$，孔距为（50 ± 0.01）mm，定位销直径为 $\phi16k5$，用 M16mm 的螺钉联接。

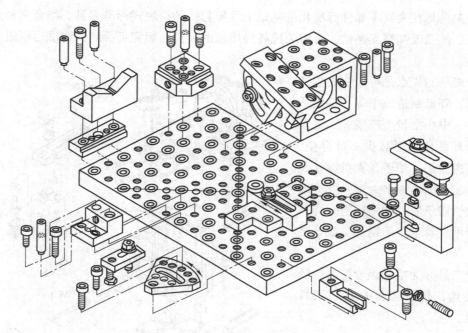

图 3-2　KD 型孔系组合夹具

孔系组合夹具的主要特点是：结构简单、以孔定位、螺栓联接、定位精度高、刚性好、品种少、组装方便、经济效益大、便于计算机编程。特别适用于数控机床和加工中心中切削受力较大的工件加工。缺点是可调性差，不太适宜普通机床使用。

三、柔性组合夹具

柔性组合夹具是近几年发展起来的槽系、孔系组合夹具的升级换代产品。它吸取了槽系、孔系组合夹具的精华，克服了二者的缺陷，并集成了通用夹具、专用夹具、组合夹具的夹紧功能以及平板、弯板、正弦台、分度头、回转盘、端齿分度盘的基础结构功能和五轴机床的空间角度功能。在这方面，国内比较有名的是 LXT 柔性组合夹具，如图 3-3 所示。该夹具具有两销一面的刚性定位结构，稳定性可与专用夹具媲美。主要优点是：结构巧、精度高、刚性好、强度大、体积小、重量轻、承受工件负荷大、组装安装调整简易快速、灵活多变（柔性）、组装结合强度高、精度稳定、安全可靠。

LXT 柔性组合夹具的元件按型别和功能可分类如下。

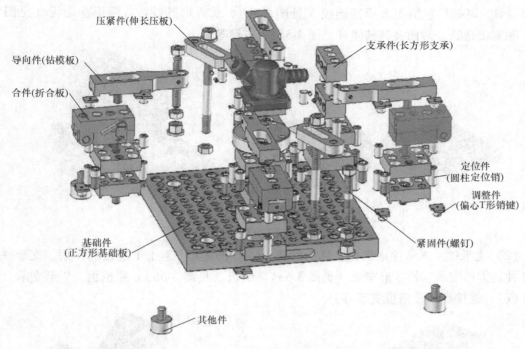

压紧件(伸长压板)
导向件(钻模板)
合件(折合板)
支承件(长方形支承)
定位件(圆柱定位销)
调整件(偏心T形销键)
基础件(正方形基础板)
紧固件(螺钉)
其他件

图 3-3　LXT 柔性组合夹具

1. 按型别分类

LXT 柔性组合夹具元件可分成 4 个型别，即重型（M20）、大型（M16）、中型（M12）、小型（M8），均采用 ϕ12mm 的销、销孔，14mm 键槽的统一定位结构。每个类型可以独立组装，也可以 4 个型别混合组装，如图 3-4 所示。

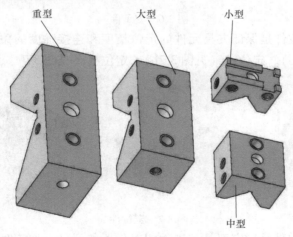

重型
大型
小型
中型

图 3-4　四种型别组合夹具元件

2. 按功能分类

LXT 柔性组合夹具按功能可分成九类元件，即基础件、支承件、定位件、导向件、压紧件、紧固件、其他件、合件和调整件，如图 3-3 所示。

（1）基础件　基础件是组合夹具的组装平台，与其他元件在平台上连成一体，组合出成套夹具。基础件包括正方形基础板（见图 3-5a）、长方形基础板、圆形基础板（见图 3-5b）和基础角铁、两面夹具基体（见图 3-5c）、方箱等。

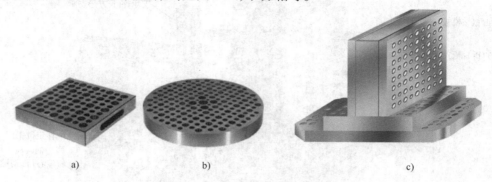

图 3-5　基础件

（2）支承件　支承件是组合夹具的骨架元件，在夹具中起上下连接的作用。支承件包括各种正方形支承、长方形支承（见图 3-6a）、垫板（见图 3-6b）、移位板、V 形支承（见图 3-6c）、连接支承、角度支承等。

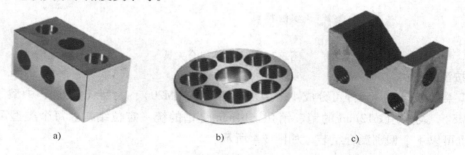

图 3-6　支承件

（3）定位件　定位件是保证夹具元件的定位精度和连接强度的关键元件。定位件包括各种定位销（见图 3-7a）、定位键（见图 3-7b）、定位板（见图 3-7c）、定位块等。

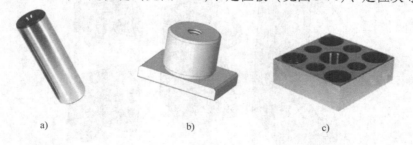

图 3-7　定位件

（4）导向件　导向件是确定刀具与工件相对位置的元件。加工时起到对刀具的引导作用。导向件包括各种钻模板（见图 3-8a）、钻套（见图 3-8b）、导向支承（见图 3-8c）等。

（5）压紧件　压紧件是配合螺栓将工件紧固在夹具上的元件，可保证工件定位后的正确位置在外力作用下不能移动，也可用做定位挡板、连接支承。压紧件主要指各种压板，如图 3-9 所示。

图 3-8　导向件

（6）紧固件　紧固件是将各种
夹具元件连接成一体的夹具元件，
可通过压板紧固被加工件。紧固件
包括各种螺栓（见图 3-10a）、螺钉、
螺母（见图 3-10b）和垫圈（见图
3-10c）等。

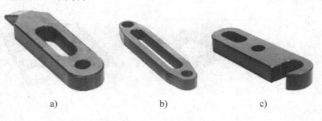

图 3-9　压紧件

（7）其他件　其他件是在夹具

图 3-10　紧固件

中起辅助作用的元件，如棒形手柄（见图 3-11a）、各种支承钉、支承帽、支承环（见图 3-11b）、弹簧、弓形件、球头（见图 3-11c）等。

图 3-11　其他件

（8）合件　合件是指在组装过程中不拆散使用的独立部件。合件按其用途可分为定位合件（见图 3-12a）、导向合件（见图 3-12b）、分度合件（见图 3-12c）、支承合件、连接合件和夹紧合件（见图 2-15）等。

（9）调整件　调整件是用来调整三轴空间尺寸、空间角度的元件，如长方形垫片（见图 3-13a）、正方形垫片（见图 3-13b）、偏心销键、偏心 T 形销键（见图 3-13c）、分度盘调

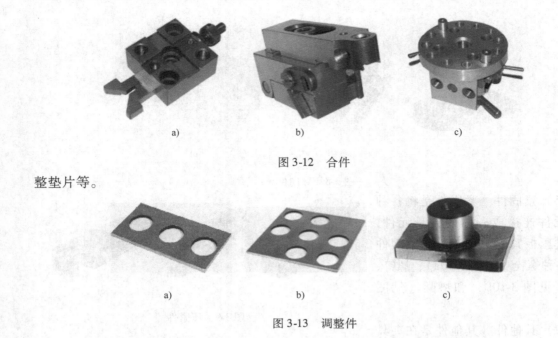

图 3-12　合件

整垫片等。

图 3-13　调整件

模块 2　槽系组合夹具的组装

　　按一定的步骤和要求，把组合夹具的元件和合件组装成加工所需要的夹具的过程，称为组合夹具的组装。组装的费用主要取决于组装的复杂程度，如审图、确定组装方案、组装相关数据计算、尺寸调整和组装等。组装工作量分基本级和附加级两部分。前者由夹具的基本技术参数确定；后者则由夹具的结构形式和工件的尺寸、精度要求等特殊因素而定。组装后，夹具应有足够的刚度，同时力求结构紧凑、轻巧、灵活。

一、组装步骤

　　正确的组装过程一般按下列步骤进行。

　　（1）组装前的准备　组装前必须熟悉组装工作的原始资料，即工件的图样和工艺规程，了解工件的形状、尺寸和加工要求，以及所使用的机床、刀具等情况。

　　（2）确定组装方案　按照工件的定位原理和夹紧的基本要求，确定工件的定位基准，需限制的自由度以及夹紧部位，选择定位元件、夹紧元件以及相应的支承件、基础板等，初步确定夹具的结构形式。

　　（3）试装　试装是将前面所设想的夹具结构方案，在各元件不完全紧固的条件下，先组装一下。对有些主要元件的精度，如等高、垂直度等，需预先进行测量和挑选。组装时，应合理使用元件，不能在损害元件精度的情况下任意使用。试装的目的是检验夹具结构方案的合理性，并对原方案进行修改和补充，以免在正式组装时造成返工。试装时，最好有工件实物，以便于统盘考虑工件的定位、夹紧和装卸方便等事项。

　　（4）连接　经过试装验证的夹具方案，即可正式组装。组装时，需配置合适的量具和组装用工具、辅具。首先应清除元件表面的污物，装上所需的定位键，然后按一定的顺序将有关元件用螺钉和螺母联接起来。在基础板T形槽十字相交处使用槽用螺栓时，应注意保护T形槽唇部的强度。当紧固力较大时，螺栓应从基础板底部的沉孔中穿出。在基础板T形槽十字相交处附近使用螺栓，也应采取适当保护措施。调整工作主要是：正确选择测量基面，正确测定元件间的相关尺寸等。相关尺寸公差一般取工件尺寸公差的1/3～1/5。在实际调整中，一般可调整至±0.01～±0.05mm范围内。在调整精度较高时，可采用选择元件并调整元件装配方向，以使元件的误差得到补偿。

（5）检测　元件全部紧固后，便可检测夹具的精度。检测夹具的总装精度时，应以积累误差最小为原则来选择测量基准。测量一组同一方向的精度时，应以基准统一为原则。夹具的检测项目可根据工件的加工精度要求确定，除有关尺寸精度外，还包括同轴、平行度、垂直度、位置度等公差要求。

二、组装实例

（1）组装前的准备　图3-14a所示为支承座的工序图。工件为一小尺寸的板块状零件。工件的2×ϕ10H7孔及平面C为已加工表面，工序内容是在立式钻床上钻铰ϕ20H7孔，表面粗糙度值为$Ra0.8\mu m$。孔距尺寸为（75±0.2）mm、（55±0.1）mm。

（2）确定组装方案　按照定位基准与工序基准相重合的原则，采用工件底面C和2×ϕ10H7孔为定位基准，以保证工序尺寸（75±0.2）mm、（55±0.1）mm及ϕ20H7孔轴线对平面的平行度公差为0.05mm的要求。为防止工件ϕ20H7孔壁处产生夹紧变形，选择d面为夹紧面，以使夹紧稳定可靠。

（3）试装　选用方形基础板和基础角铁作夹具体。为了便于调整尺寸100mm，将圆柱销和菱形销分别装在兼作定位件的两块中孔钻模板上。为使夹紧平稳，采用两压板夹紧工件。按工件的孔距尺寸（75±0.2）mm、（55±0.1）mm组装导向件。在基础角铁3的上T形槽上组装导向板11，并选用5mm偏心钻模板10安装其上，以简化组装尺寸的调整。

（4）连接　组合夹具的连接过程如下：

1）组装基础板1和基础角铁3（见图3-14b）。在基础板上安装T形键2，并从基础板的底部贯穿螺栓将基础角铁紧固。

2）在中孔钻模板4上组装ϕ10mm圆柱销6，在中孔钻模板4的定位键槽中放入定位键5，然后用紧固件将其紧固在基础角铁上（见图3-14c）。

3）组装工件孔b用中孔钻模板8和ϕ10mm菱形销9。用标准量块及百分表检测调整菱形销9相对于圆柱销6的中心距尺寸（100±0.02）mm，然后用紧固件紧固（见图3-14d）。

4）组装导向件。导向板11用定位键12定位装至基础角铁3上端，再在导向板11上装入5mm偏心钻模板10。在偏心钻模板的定位孔中插入量棒14，借助标准量块及百分表，调整中心距尺寸至（55±0.02）mm（见图3-14e）。同理，调整孔距尺寸至（75±0.04）mm（见图3-14f）。

5）组装压板。组装两平压板，使夹紧力指向C面。

（5）检测　检查各元件的紧固情况以及工件装卸是否方便。检测距离尺寸：（75±

（0.04）mm、（55 ± 0.02）mm、（100 ± 0.02）mm。中孔钻模板支承面对基础板 1 底面的垂直度公差 0.01mm。

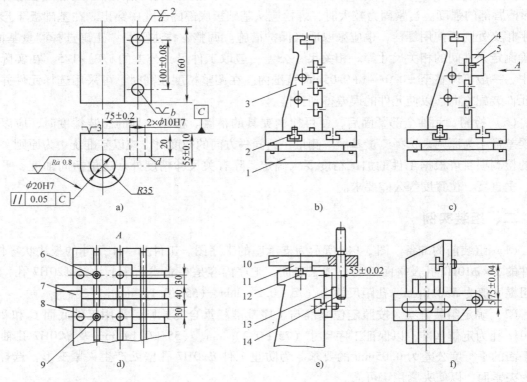

图 3-14　组装实例

1—基础板　2—T 形键　3—基础角铁　4、8—中孔钻模板　5、12—定位键　6—圆柱销　7、13—标准量块
9—菱形销　10—偏心钻模板　11—导向板　14—量棒

模块 3　LXT 柔性组合夹具应用实训

实训 1：计算机模拟组装

一、实训目标

熟悉 LXT 夹具元件库，熟练应用计算机进行组合夹具的模拟组装。

二、计算机模拟组装过程

1）首先启动 TopSolid 软件程序。

2）新建 design 文件。

3）选择"装配"→"调入标准件"菜单命令。

根据需要加工零件的大概外形尺寸选取相应的圆形基础板，本例中选用的基础板型号为"J12141320"，如图 3-15 所示。

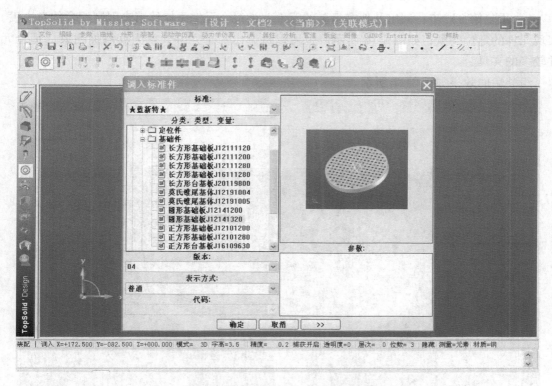

图 3-15　LXT 柔性组合夹具元件库

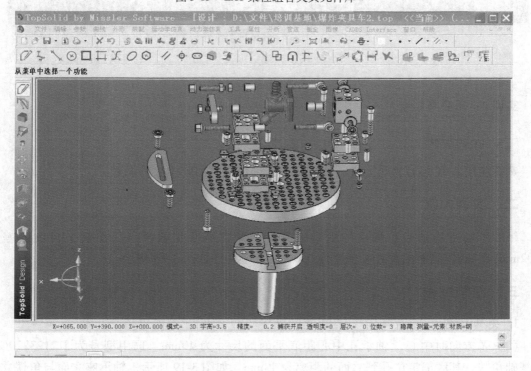

图 3-16　调入标准件

4）重复第3）步，调出其他需组装的元件，为每个元件添加约束来限制配合的自由度，实现元件的定位夹紧，如图3-16所示。也可以每调出一个元件，就为其添加约束（适合元件较多的夹具）。

组装后的效果如图3-17所示。

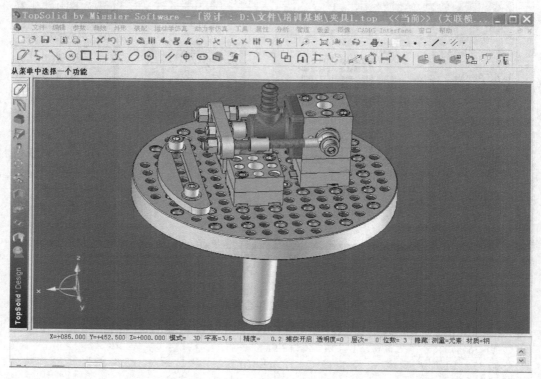

图3-17　组合夹具图

实训2：车夹具组装

一、实训目标

熟练应用LXT组合夹具元件，作零件加工部位对其回转中心的调整。

二、实训内容

组装车削支座通孔、端面的组合夹具。确保支座通孔轴线与底面的平行度公差为0.02mm，端面与底面的垂直度公差为0.01mm。零件图如图3-18所示。

三、组装过程

1. 夹具调整

（1）X方向对中　轴承孔中心距底平面的尺寸为40mm。选用型号为J12123220C80的基础角铁，其底部定位孔到立面的距离为40mm。如图3-19所示，轴承座立面与角铁立面贴紧定位配合。轴承孔到基础角铁底部定位孔的距离为40mm+40mm=80mm。

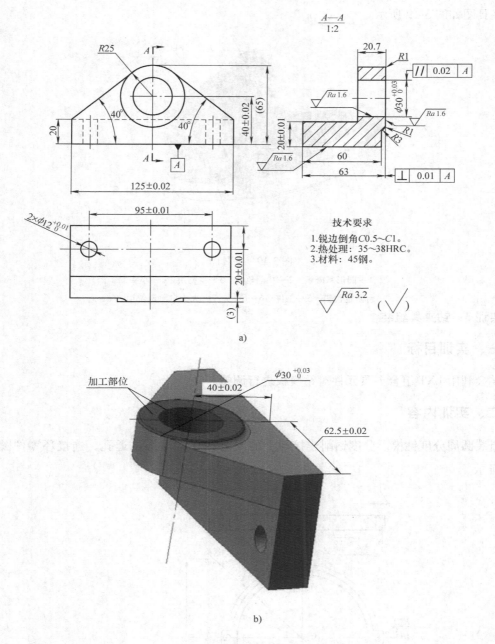

图 3-18　零件图

圆形基础板上的定位孔间距是 40mm 的 n 倍。选用距回转中心 40mm×2 定位销孔，X 方向对中心即得到解决。

（2）Y 方向对中心　基础角铁相对 X 轴对称安装后，在基础角铁上距 XZ 平面 80mm 销孔位置处插入 $\phi12 \sim \phi35$mm 的台阶定位销，即 80mm = 35/2mm + 125/2mm，这样即可调整好 Y 方向对中心。

（3）重心平衡　因为夹具的重心偏向一侧，需要通过增加配重达到重心平衡。

夹具图如图 3-19 所示。

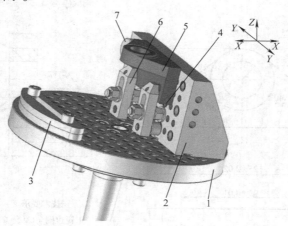

图 3-19　夹具图

1—圆形基础板　2—基础角铁　3—平衡块　4—小头
台阶定位销　5—工件　6—压板　7—大头台阶定位销

实训 3：钻夹具组装

一、实训目标

学会利用 LXT 组合夹具元件对钻模板进行调整。

二、实训内容

组装圆周分度钻模。分度钻削连接环上的四个 $\phi20_{\ 0}^{+0.05}$ mm 的通孔，连接环零件图如图 3-20 所示。

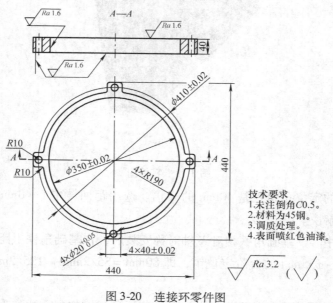

图 3-20　连接环零件图

三、组装过程

1. 夹具调整

1）待加工的四个 $\phi20_{0}^{+0.05}$ mm 通孔，四等分分布在四个脐子上。选用夹具集成平台，利用分度盘的分度功能来实现四等分，如图 3-21 所示。

2）将夹具集成平台固定在一长方形基础板上。夹具集成平台成 0°状态，锁紧两侧拉紧系统。

3）因为工件的尺寸大于分度盘的外径（$\phi299.6$mm），所以选用四个相同的钻模板 J12432018（见图 3-22），延伸平面。为避免干涉，首先要在分度盘上放一块圆形基础板 J12141320。

4）调整夹具集成平台的分度盘 0° 对准指示标，锁紧分度盘。孔 1 和孔 3（见图 3-21）的中心线在 XZ 平面上。然后将工件在夹具集成平台上定位夹紧。通过一组支承件 13 和偏心 T 形销键，调整钻模板相对工件加工孔的位置。

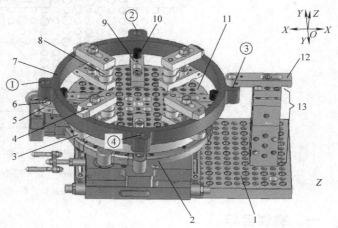

图 3-21　夹具图

1—长方形基础板　2—夹具集成平台　3、9—钻模板　4—平压板
5、12—沉槽钻模板　6—大头台阶定位销　7—工件　8—沉孔支承环
10—定位销　11—圆形基础板　13—支承件

2. 定位

1）由图 3-21 可知，工件以底面做主定位面，限制三个自由度：沿 Z 轴的移动，绕 X 轴和 Y 轴的转动。

2）内圆的 4 个 90°均布的定位销 10 做次定位，限制两个自由度：沿 X 轴的移动和沿 Y 轴的移动。

由图 3-20 可知，工件内圆直径是 $\phi350$mm，定位销直径是 $\phi12$mm；所以两个定位销孔的孔距是 350mm – 12mm = 338mm；由图 3-23 可知，通过 $e=4$mm 的偏心 T 形销键 3 和两个沉槽钻模板 2，就可以将两定位销孔的孔距调整到 338mm。

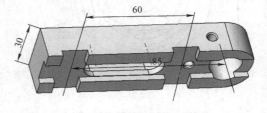

图 3-22　钻模板

3）外圆用一个台阶定位销限制一个自由度，即绕 Z 轴的转动。

3. 夹紧

如图 3-21 所示，用四个平压板 4 压紧。

实训 4：铣夹具组装

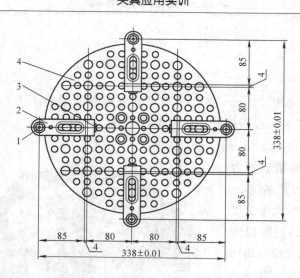

图 3-23　内圆定位部分图

1—定位销（$d=12\text{mm}$）　2—沉槽钻模板

3—偏心 T 形销键（$e=4\text{mm}$）　4—圆形基础板

一、实训目标

掌握夹具集成平台回转功能和分度功能的转换方法，回转分度的计算。

二、实训内容

组装铣削法兰盘上三个回转圆弧和七等分工作面的组合夹具。零件如图 3-24 所示。

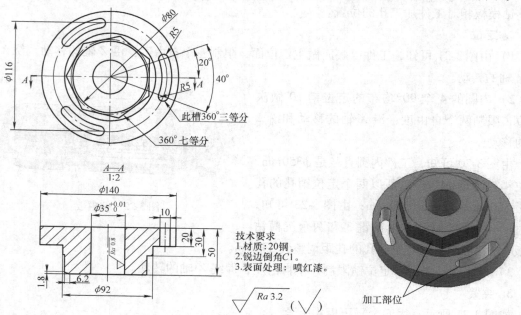

技术要求

1. 材质：20 钢。
2. 锐边倒角 C1。
3. 表面处理：喷红漆。

图 3-24　零件图

三、组装过程

1. 夹具调整

夹具的放置状态为0°，旋紧0°锁紧螺钉及两侧拉紧系统。将夹具集成平台放置在机床台面上，用压板压紧。

2. 定位

以工件底面作为主定位面，工件中心孔用台阶定位销作为次定位基准（为一面一销不完全定位结构）。

3. 夹紧

基准归零，用开口垫圈、双头螺栓、螺母在孔中心夹紧。定位夹紧系统如图 3-25 所示。夹具如图 3-26 所示。

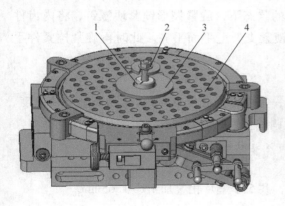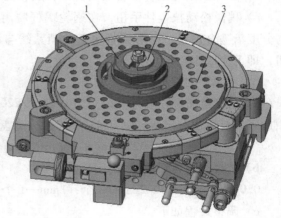

图 3-25　定位夹紧系统图　　　　　　　　　　图 3-26　夹具图

1—阶梯定位销　2—夹紧系统　　　　　　　　1—工件　2—夹紧系统

3—圆环支承　4—夹具集成平台　　　　　　　　　3—夹具集成平台

4. 加工过程中的调整

（1）工序 01　工序 01 为法兰盘转动回转铣削加工 3 个等分圆弧长槽。

1）松开分度盘上的 3 个夹紧系统，在楔形锁紧块放松线与锁紧支架上平面平齐的情况下，旋紧拉紧件手扭，使内齿件与拉紧件主体贴紧。此时分度盘和内齿件完全分离。将顶进螺钉旋入，使蜗轮蜗杆与分度盘啮合。

2）找中心对刀后，转动工作台摇把，旋转分度盘依次铣削三个 120°等分圆弧长槽。

（2）工序 02　工序 02 为铣削加工七等分工作表面。

1）对中心，计算铣床的纵向进给量。根据图 3-24 零件图所示可知：

铣床纵向进给量 $= 92/2\text{mm} - 80/2\text{mm} = 6\text{mm}$。

2）调整铣床进行铣削加工，可以用对刀块对刀，或者用试切法对刀。根据总进给量 6mm 分析，需要 2～3 次进给才能完成一面的加工任务，加工时一定要锁紧分度盘。

3）七等分面相对应的七等分角度是 $360°/7 = 51.43°$。七等分面分度盘需旋转的绝对角度值见表3-1。

表3-1　七等分面分度盘需旋转的绝对角度值

面号	第一面	第二面	第三面	第四面	第五面	第六面	第七面
旋转角度	0°	51.43°	102.86°	154.29°	205.72°	257.15°	308.58°

　　首先将分度盘旋转到0°位置（注意与圆弧槽的位置关系），铣削加工出第一个面。然后将分度盘顺时针旋转51.43°再加工第二个面。

　　51.43°的调整过程如下：

　　① 51°的调整。

　　a）松开分度盘上的三个夹紧系统，在保证垫片盒中无垫片且楔形锁紧块松开的前提下，旋紧拉紧件手扭，使内齿件与拉紧件主体贴紧接触。

　　b）在保证蜗轮蜗杆啮合的前提下，旋转摇把使分度盘51°的刻度线对准指示标。

　　c）稍微松动拉紧件手扭，在蜗轮蜗杆脱离的状态下，旋紧楔形锁紧块螺钉，将内齿件与分度盘啮合锁紧，楔形锁紧块上的锁紧线与锁紧支架上平面平齐。此时再旋紧拉紧件手扭，即可完成51°角度的调整。

　　② 0.43°的调整。

　　a）分度盘微调角度计算公式为 $\sin\beta = t/220$，其中 β 为分度盘转角，t 为调整垫片厚度。由此可以计算出分度盘转动0.43°所需的分度盘调整垫片厚度 t。

$$t = 220\text{mm} \times \sin\beta = 220\text{mm} \times \sin0.43° = 1.65\text{ mm}$$

　　b）选择分度盘调整垫片。

　　0.05mm—1个；0.2mm—3个；1mm—1个，共5个垫片相叠加组成1.65mm。

　　c）调整过程如下：

　　完全松开拉紧件手扭，在蜗轮蜗杆啮合的前提下，旋转摇把使分度盘顺时针旋转。保证内齿件与拉紧件主体贴合部分分离出足够的空间。

　　在分度盘调整垫片盒中，叠加入1.65mm的分度盘调整垫片。旋转摇把使分度盘逆时针旋转，让内齿件与盒内的调整垫片接触，这时分离蜗轮蜗杆。

　　轻微晃动旋转拉紧件手扭，将内齿件与盒内的调整垫片贴紧，完成0.43°角度微调。

　　4）最后旋紧分度盘上的三个夹紧系统螺钉，将分度盘压紧固定。

　　5）分2~3次铣削加工此面，总进给量是6mm。

　　6）加工其他面时的调整和铣削方法与第二个面相似。只是分度盘调整垫片的厚度及数量有变化，在此不再赘述。

　　7）整批工件加工完毕后，松开工件锁紧螺母。取下工件、台阶定位销、工件夹紧系统、分度盘调整垫片。夹具集成平台合件不得随意拆卸。

　　8）按组合夹具元件的维护与保养要求进行元件的清洗和管理。

四、思考

　　夹具集成平台分度盘如何作36.37°角的调整？

模块4　组合夹具组装实训

把组合夹具的元件和组合件，按一定的步骤和要求组装成加工零件所需的夹具，这就是组合夹具的组装工作，组装工作是夹具设计和装配的统一过程。

一、实训的目的与要求

1）通过本实训对组合夹具有进一步的认识，了解其在实际生产过程中的使用范围及优缺点。

2）通过对组合夹具元件的接触，加深了解各种组合夹具元件的功用。要求学生能识别各种类型的元件（如基础件、定位件、导向件等）。

3）通过方案构思，进一步巩固和应用工件定位、夹紧原理及有关的计算。

4）通过实训，实际了解组合夹具的组装工艺及调整方法，并合理使用各种工具和量具。

二、实训内容

共分四组，每组各装一套不同工件的组合夹具，其中钻床夹具两套，铣床夹具两套。实训时提供零件实物各一个，图样（从图3-27～图3-30中选一）各一张。

三、实训方法及步骤

1. 组装前的准备

准备工作是组装过程中一个重要的环节，其内容主要是掌握各种原始资料、产品加工图样、工艺文件及了解组装时的元件名称、规格、数量等。根据零件图中的零件形状、尺寸、公差、材料等信息，结合提供的实训实物，考虑工件的加工方法和定位、夹紧方法。

2. 构思结构方案

1）根据工件的定位方式及定位基准面选择定位元件。

2）根据工件的夹紧方式选择夹紧元件。

3）根据工件大小、夹紧机构及加工机床条件选择基础件。

4）选择其他元件，如引导元件、对刀元件、支撑元件及有关连接件。

构思结构方案，可以用草图形式表达出来，组合夹具结构草图是试装、组装及检验的主要依据。夹具草图一般要求：

1）表示工件在装夹位置的夹具视图1～2个，工件可用红线画。

2）标注尺寸、公差配合、技术条件等。

3. 试装夹具

根据构思方案及夹具草图，选择元件先摆一个"样子"，这时元件可不必紧固，这一步骤要解决以下几个问题：

1）工件的定位和夹紧是否合理、可行，能否保证加工精度。

2）工件的装拆、加工是否方便，切屑清除是否便利。

3）选用元件是否合理。

4）夹具结构是否紧凑，刚性是否足够，稳定性如何。

5）夹具在机床上的安装是否可靠。

4. 组装和调整

1）将夹具元件擦洗干净，装上定位键，然后由下到上，自内到外，按一定顺序将各元件仔细地、可靠地连接起来。

2）连接的同时，进行主要尺寸的调整，根据结构草图标定的尺寸及公差调整相应元件或用纸垫等方法进行补偿，确保尺寸精度，一般夹具的公差要控制在工件公差的 1/5～1/3 内。

调整好的夹具要及时紧固，以免位置发生变化。

5. 检验组合夹具

四、编写实训报告

实训报告应包括以下内容：

1）实训名称、日期。

2）根据草图画出组装定型后的夹具装配图，标出尺寸、公差配合、技术条件等。

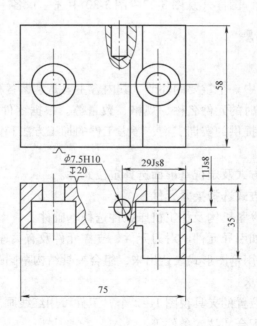

图 3-27　在 Z5932 立式钻床上钻 ϕ7.5H10×20 孔

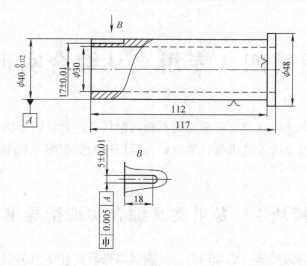

图 3-28 在 X62W 万能铣床上铣（5±0.01）mm×18mm 键槽

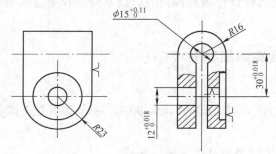

图 3-29 在 Z5932 立式钻床上钻 $\phi15^{+0.11}_{0}$ mm 孔

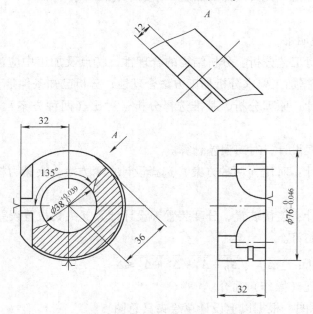

图 3-30 在 X62W 万能铣床上加工 135°斜平面

项目四 专用夹具综合实训

专用夹具综合实训是机械类专业重要的实践教学环节，旨在培养学生设计专用机床夹具的工程实践能力。通过该阶段的训练，学生综合运用理论知识解决实际问题的能力将会得到提高。

模块1 专用夹具综合实训指导书

专用夹具综合实训指导书一般分两类。一类仅以夹具设计作为实训目的，另一类是以综合完成工艺规程设计与夹具设计作为实训目的。以下分别介绍这两类综合实训指导书，以供开展实训使用。

一、专用夹具综合实训指导书（一）

1. 目的

1）以"机床夹具设计"课程所学知识为基础，综合运用有关课程的知识来分析解决夹具设计问题。

2）初步掌握夹具的论证及设计的方法、步骤。

3）学会运用各种指导夹具设计的图册、手册、标准等。

2. 设计

（1）草编设计说明书

1）对加工件进行工艺分析：分析结构的合理性、特点及加工中应注意的事项；分析加工要求的合理性并根据加工要求分析加工方法合理性；分析已知条件是否完备等。

2）定位方案设计：原理分析、基准选择分析；对比（两种方案）选择设计定位元件，定位误差分析计算。

3）对刀导引方案设计，对刀误差计算。

4）夹紧方案设计：对比（两种方案）选择设计夹紧方案，夹紧力核算。

5）夹具体设计。

6）其他装置设计：连接装置、分度装置等设计计算（夹具位置误差、分度误差计算）。

7）技术条件的制订。

8）夹具精度分析：$\sum \Delta = \sqrt{\Delta_D^2 + \Delta_A^2 + \Delta_T^2 + \Delta_G^2} \leqslant \delta_k$。

9）夹具工作原理（操作）简介。

（2）草绘夹具总图 根据以上设计草绘夹具总图。

3. 绘图

（1）绘制正式夹具总图　草图经指导教师审阅批准后方可绘制正式夹具总图。

（2）绘制非标准夹具零件图　零件图可根据装配图拆画。

4. 编制正式夹具设计说明书

（1）编号　编号方法同本说明书。

（2）格式　幅面为 A4，格式如图 4-1 所示。

5. 装订

装订顺序如下：封皮→前言→目录→任务书→说明书→夹具总图→夹具零件图→参考文献。

6. 时间分配

时间安排见表 4-1。

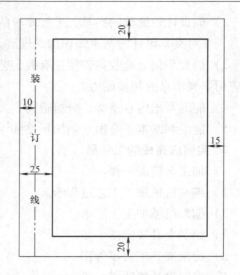

图 4-1　设计说明书格式

表 4-1　时间安排表

内　容	时间安排
草编设计说明书	1 日
草绘夹具总图	1 日
绘制正式夹具总图	1 日
绘制非标准夹具零件图	1 日
编制正式夹具设计说明书	1 日

7. 要求

遵循以学生独立思考为主，以教师辅导为辅的原则。教师辅导采取启发、诱导和介绍参考资料的方式，尽量避免有问必答，包办代替。教师下达设计任务书，学生根据要求，保质、保量、独立、按时完成设计任务。

8. 参考资料（略）

二、专用夹具综合实训指导书（二）

1. 实训目的和要求

实训的目的是培养学生进一步理论联系实际和运用所学的知识尝试解决生产实际问题的能力，同时实训也是培养学生分析问题的能力和独立工作能力的一个重要教学环节。

通过实训培养学生运用已学过的工艺及装备方面的知识，在考虑保证质量、提高生产率、降低成本的基础上，编订出合理的零件机械加工工艺规程，并设计出具有可行性的工艺装备。在分析问题和解决问题的同时，提高综合实践能力，为从事的工作岗位群打下必备的基础。

实训要求如下：

1）能合理编制一般复杂程度零件的工艺规程。对必备的工艺基本知识加深理解、提高实际应用能力。

2）能设计较简单的夹具，进行简单的定位精度分析，能根据零件加工要求合理布施夹紧力，并对夹具设计的基本知识加深理解，掌握实际应用的方法。

3）能初步独立地收集和使用有关工艺设计和夹具设计的资料、手册，具有查阅、检索和应用资料信息的初步能力。

4）能编写出内容精练、分析透彻、文句通顺、字迹端正的设计说明书。

5）能绘制基本符合国家制图标准和生产要求的夹具装配图和零件图。

2. 实训应完成的工作量

1）加工余量图一张。

2）编制机械加工工艺过程卡。

3）编制机械加工工序卡。

4）绘制夹具装配图一张。

5）绘制夹具整套零件图。

6）编写设计说明书一份。

3. 工艺规程设计

1）在制订工艺规程前，首先应仔细研究零件图，分析技术条件及结构特点、装配方法等，对零件的结构工艺性和技术条件的合理性等方面进行工艺性审查，可以提出改进意见，但不修改图样。

2）选择毛坯制造方法。应特别注意铸件的分型面、浇冒口位置及锻件的分型面选择，它与以后基准的选择有密切的关系。如毛坯是棒料或型料，则选择规格。

3）拟订工艺路线，这是工艺部分的重点。拟订工艺路线的中心内容是基准选择；确定主要加工面的加工方法；确定工序；确定工序的顺序安排。

拟订工艺路线可分以下几步进行。

① 列出尺寸公差、几何公差及表面粗糙度要求较细的加工表面，以便选择最终加工方法。

② 确定粗、精主工位基准及其他工艺基准。当某工序的定位基准与设计基准不相符时，需对工序尺寸和定位误差进行必要的分析和计算。

③ 确定热处理工序，划分加工阶段。

④ 按加工阶段分工序，先排出主要加工表面的工艺路线，再插入次要表面的工艺路线，使之成为完整的工艺路线。

⑤ 可拟定几个工艺方案进行分析比较，然后确定一个比较合理的方案。

4）选择设备及工、夹、量具。选择时应考虑零件的生产纲领、几何形状及尺寸大小、零件的尺寸公差，形位公差、零件表面粗糙度等。

5）确定加工余量及工序间尺寸公差。根据工艺路线的安排，要求逐道工序逐个表面地确定加工余量。其工序间尺寸公差按经济精度确定。加工表面的各工序加工量、公差及总余量与公差，一般采用查表修正法，可从《机械制造工艺设计手册》中查得。

6）切削用量的确定。在机床、刀具、加工余量等已确定的基础上，可以通过计算查表，确定切削用量。

7）填写统一规定的"机械加工工艺过程卡片"和"机械加工工序卡片"。工序卡上需绘制工序图。工序卡上填写的主轴转速必须与选用机床的主轴转速一致。

工序卡中工序简图的要求如下。

① 简图可按比例缩小，用尽量少的投影视图表达。可以只画出与加工部位有关的局部视图，除加工面、定位面、夹紧面、主要轮廓面外，其余线条均可省略，以必需、明了为度。

② 工序图上表示的零件位置，必须是本工序零件在机床上的加工位置。

③ 被加工表面用粗实线表示，其余均用细实线。

④ 应标明本工序的工序尺寸、公差及表面粗糙度要求。

⑤ 定位、夹紧表面应以规定的符号标明。

4. 夹具设计的方法和步骤

（1）明确设计任务与收集设计资料 在已知生产纲领的前提下，研究被加工零件的零件图、工序图、工艺规则和设计任务书，对工件进行工艺分析。其内容主要是了解工件的结构特点、材料，确定本工序的加工表面、加工要求、加工余量、定位基准、夹紧表面，以及所用的机床、刀具、量具等。

收集有关资料，如机床的技术参数，夹具零部件的国家标准、行业标准和厂订标准，各类夹具图册、夹具设计手册等，还可以收集一些同类夹具的设计图样，并了解该厂的工装制造水平，以供参考。

（2）拟定夹具结构方案与绘制夹具草图

1）确定工件的定位方案，设计定位装置。

2）确定工件的夹紧方案，设计夹紧装置。

3）确定对刀或导向方案，设计对刀或导向装置。

4）确定夹具与机床的连接方式，设计连接元件及安装基面。

5）确定和设计其他装置及元件的结构形式，如分度装置、预定位装置及吊装元件等。

6）确定夹具体的结构形式及夹具在机床上的安装方式。

7）绘制夹具草图，并标注尺寸、公差及技术要求。

确定夹具设计方案的原则是：确保零件加工质量，结构简单实用，操作方便，成本低廉。设计夹具的总方案时，可参考同类型的类似的夹具，进行细致地分析和讨论研究，具体情况具体分析，全面考虑，要灵活运用学得的知识，确定合理的方案。

设计中还应根据零件的生产纲领，合理地确定同时加工的零件数目及夹具的机械化、自动化程度。应尽量采用标准零件和标准化设计，要认真考虑夹具的装配工艺性和夹具零件的加工工艺性。

（3）进行必要的分析计算 工件的加工精度较高时，应进行工件加工精度分析；有动力装置的夹具，需计算夹紧力；当有几种夹具方案时，可进行经济分析，选用经济效益较高的方案。

（4）审查方案与改进设计 夹具草图画出后，应征求有关人员的意见，并送有关部门审查，然后根据他们的意见对夹具方案作进一步修改。

（5）绘制夹具装配总图　夹具的总装配图应按国家制图标准绘制。绘图比例尽量采用1∶1，主视图按夹具面对操作者的方向绘制。绘制次序如下：

1）用细双点画线将工件的外形轮廓、定位基面、夹紧表面及加工表面绘制在各个视图的合适位置上。

在总图中，工件可看作透明体，不遮挡后面夹具上的线条。各视图的安排应清楚表示夹具的工作原理、结构、装配连接关系及零件的主要结构形状；夹紧机构应处于"夹紧"位置上。

2）依次绘制夹具各组成部分。

3）标注必要的尺寸、公差和技术要求。

4）编制夹具明细表及标题栏。

（6）绘制夹具非标准零件图　夹具中的非标准零件均要画零件图，并按夹具总图的要求，确定零件的尺寸、公差及技术要求。

（7）编写设计说明书

5. 夹具的尺寸、公差和技术条件的标注

（1）夹具总图上应标注的尺寸

1）外形轮廓尺寸。外形轮廓尺寸一般是指夹具的最大轮廓尺寸。若有可动部分时，应包括可动部分处于极限位置时在空间所占尺寸。标注时应防止夹具活动部分相互干涉或与机床、刀具干涉。

2）工件与定位元件间的联系尺寸。工件与定位元件间的联系尺寸是指定位元件的工作部分的配合性质、定位平面的平直度或等高性以及定位表面间的平行度、垂直度等，以便控制定位误差。

3）夹具与刀具的联系尺寸。夹具与刀具的联系尺寸是用来确定夹具上对刀和引导元件的位置的，以便控制对刀误差。对铣刨类夹具来说，是指对刀元件与定位元件间的尺寸；对钻镗类夹具来说，是指镗套或钻套与定位元件之间的位置尺寸，钻（镗）套之间的位置尺寸，以及钻（镗）套与刀具导向部分的配合尺寸。

4）夹具与机床连接部分的尺寸。对于车床、外圆磨床，主要指夹具与机床主轴的连接尺寸；对铣床、刨床夹具，则指夹具上的定位键与机床工作台上的 T 形槽的配合尺寸。标注时，通常以夹具上的定位元件作为相互位置尺寸的基准。

5）其他装配尺寸。它属于夹具内部的配合尺寸，与机床、刀具、工件无关，是为了保证夹具装配后能满足使用要求而标注的。

（2）制订夹具公差的基本原则和方法

1）满足误差不等式并有精度储备的原则。通常取夹具公差为工件相应加工尺寸公差的 $1/5 \sim 1/2$。

2）基本尺寸按工件相应尺寸的平均值标准并采用双向对称偏差的原则。

（3）夹具技术条件的制订

1）定位元件之间或定位元件与夹具底面之间的位置要求。

2）定位元件与刀具导向元件之间的相互位置要求。

3）定位元件与连接元件（或找正基面）间的相互位置要求。

4）对刀元件与连接元件（或找正基面）间的相互位置要求。

6. 编写设计说明书

编写设计说明书是设计工作的一个重要组成部分，它是培养学生分析、总结归纳和表达能力的重要方面。自实训开始，学生即应逐日将所设计的内容和计算记入说明书草稿本内，设计终了时将草稿本内容整理归纳后，再写正式说明书。

说明书的内容不应是一般性的描述或现象的罗列，而应该表达设计者的设计观点，有主次的阐述理由、分析比较与最后的结论等。对重要表面的工艺方案，定位夹紧须重点说明。

说明书要求简练、透彻、文句通顺、字迹端正。

说明书的具体内容包括以下几项：

1）目录。

2）设计任务书。

3）零件的功用和结构特点、技术条件分析、工艺性分析。

4）毛坯制造方法的选择和毛坯的验收条件。

5）工艺过程说明。基准的选择；工艺路线的比较分析和确定；设备的选择；刀具、夹具、量具的选用等。

6）加工余量的确定，工序间尺寸的计算及公差。

7）指定工序的切削用量的确定。

8）夹具设计方案的确定；定位元件、夹紧机构的选择和说明；定位误差和夹紧力的分析计算；夹具的使用方法。

9）结束语。对整个设计的结论性评价，改进设计意见。

10）列出各种附件及参考资料目录。

7. 工件加工余量图

工件加工余量图，实质上是简化了的零件图和简化了的毛坯图的叠加图。工件加工余量图的画法为：

1）以着重表示零件的总体外形和主要面为目的，在简化次要细节的基础上绘出工件图。

2）用粗实线将加工余量叠加在各相应表面上。

3）实体上加工的孔、槽不必加画余量。

4）余量层内打上均匀的交叉实线。

5）标注加工表面的毛坯尺寸和加工余量（名义值）。

6）标注毛坯技术要求，包括：

① 毛坯精度、材料规格。

② 需要检验的主要尺寸、公差。

③ 热处理和硬度要求。

④ 其他必要的技术要求。如表面的清理要求；表面质量的清理要求；表面质量要求（是否允许气孔、缩孔、冷隔、夹砂等）；起模斜度及圆角半径的规定；不加工表面的防锈

涂层等。

8. 实训进度计划

实训时间为 3 周，学生在接到实训任务后应在教师指导下制订进度计划。具体的安排见表 4-2。

表 4-2　实训进度表

周	星期	工艺部分	夹具部分
第一周	1	了解总体方案设计	
	2	工艺过程设计 毛坯—零件合图绘制	
	3	工艺过程卡、工序卡编制	
	4		
	5		
第二周	1	根据夹具装配总图情况修改工艺	夹具总体方案比较与设计
	2		
	3		夹具装配草图绘制
	4		
	5		夹具元件工作图绘制
第三周	1		
	2		夹具装配总图绘制
	3		
	4	撰写工艺部分设计说明书	撰写夹具部分说明书
	5	答辩	

9. 答辩和成绩考核

学生完成全部设计后，在全部图样和说明书上签字并装订成册，交指导教师审阅签字，准备答辩。

答辩的内容以本设计内容为主，结合与设计有关的基础理论、基本知识和应用技能，也结合本专业的专业知识。

根据学生平时的学习情况、工艺分析的深入程度、机床夹具的设计水平、图样的质与量、独立工作能力以及答辩情况进行评定。

成绩分：优、良好、中等、及格和不及格五级。

10. 参考资料（略）

模块 2　专用夹具综合实训任务书

本模块提供了 11 种零件加工时的专用夹具综合实训任务书，见表 4-3 ~ 表 4-13，供实训时参考。

表 4-3　专用夹具综合实训任务书（一）

专　业		班　级		姓　名		学　号	
实训题目	钻 ϕ8mm 斜孔专用夹具设计			指导老师			
设计条件	零件简图（含材料、质量及毛坯种类）、中批量生产						

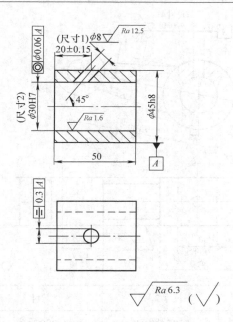

学号	尺寸1	尺寸2	角度
1	20 ± 0.15	ϕ30H7	45°
2	21 ± 0.16	ϕ31H7	45°
3	22 ± 0.17	ϕ32H7	60°
4	23 ± 0.18	ϕ33H8	60°
5	24 ± 0.19	ϕ34H9	60°
6	25 ± 0.2	ϕ35H9	60°
7	26 ± 0.2	ϕ36H8	60°
8	27 ± 0.2	ϕ37H8	45°
9	28 ± 0.2	ϕ38H8	45°
10	29 ± 0.2	ϕ39H9	45°

实训要求	1）用计算机绘制夹具总装图一张（A3 图）、指定零件图一张（A4 图） 2）设计说明书一份（包括零件图分析、定位方案确定、定位误差计算等内容） 3）设计时间：6 天
审　核	
批　准	年　月　日
评　语	年　月　日

表 4-4 专用夹具综合实训任务书（二）

专 业		班 级		姓 名		学 号	
实训题目	钻 ϕ10H9 孔专用夹具设计			指导老师			
设计条件	零件简图（含材料、质量及毛坯种类）、中批量生产						

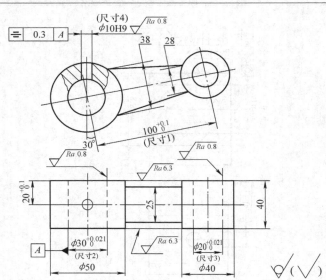

学号	尺寸1	尺寸2	尺寸3	尺寸4
1	$100^{+0.1}_{0}$	$\phi30^{+0.021}_{0}$	$\phi20^{+0.021}_{0}$	ϕ10H9
2	$102^{+0.1}_{0}$	$\phi31^{+0.025}_{0}$	$\phi21^{+0.021}_{0}$	ϕ11H9
3	$104^{+0.1}_{0}$	$\phi32^{+0.025}_{0}$	$\phi22^{+0.033}_{0}$	ϕ12H9
4	$106^{+0.1}_{0}$	$\phi33^{+0.025}_{0}$	$\phi23^{+0.033}_{0}$	ϕ13H9
5	$108^{+0.1}_{0}$	$\phi34^{+0.025}_{0}$	$\phi24^{+0.033}_{0}$	ϕ14H9
6	$110^{+0.1}_{0}$	$\phi35^{+0.025}_{0}$	$\phi25^{+0.033}_{0}$	ϕ15H9
7	$112^{+0.1}_{0}$	$\phi36^{+0.025}_{0}$	$\phi26^{+0.021}_{0}$	ϕ16H9
8	$114^{+0.1}_{0}$	$\phi37^{+0.025}_{0}$	$\phi27^{+0.021}_{0}$	ϕ17H9
9	$116^{+0.1}_{0}$	$\phi38^{+0.025}_{0}$	$\phi28^{+0.033}_{0}$	ϕ18H9
10	$118^{+0.1}_{0}$	$\phi39^{+0.025}_{0}$	$\phi29^{+0.033}_{0}$	ϕ19H9

实训要求	1）用计算机绘制夹具总装图一张（A3 图）、指定零件图一张（A4 图） 2）设计说明书一份（包括零件图分析、定位方案确定、定位误差计算等内容） 3）设计时间：6 天
审 核	
批 准	年 月 日
评 语	年 月 日

表 4-5 专用夹具综合实训任务书（三）

专 业		班 级		姓 名		学 号	
实训题目	钻 $\phi15mm$ 孔专用夹具设计			指导老师			
设计条件	零件简图（含材料、质量及毛坯种类）、中批量生产						

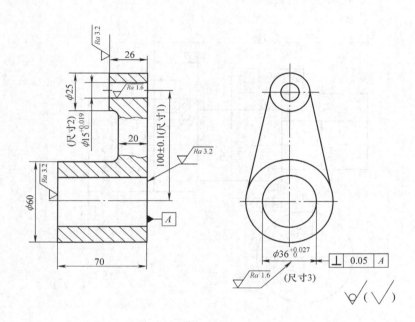

学号	尺寸1	尺寸2	尺寸3
1	100 ± 0.1	$\phi15^{+0.019}_{0}$	$\phi36^{+0.027}_{0}$
2	105 ± 0.1	$\phi15^{+0.019}_{0}$	$\phi38^{+0.027}_{0}$
3	108 ± 0.1	$\phi16^{+0.019}_{0}$	$\phi38^{+0.027}_{0}$
4	110 ± 0.1	$\phi16^{+0.019}_{0}$	$\phi38^{+0.027}_{0}$
5	115 ± 0.1	$\phi17^{+0.019}_{0}$	$\phi40^{+0.027}_{0}$
6	120 ± 0.1	$\phi17^{+0.019}_{0}$	$\phi40^{+0.027}_{0}$
7	125 ± 0.1	$\phi18^{+0.019}_{0}$	$\phi42^{+0.027}_{0}$
8	128 ± 0.1	$\phi18^{+0.019}_{0}$	$\phi42^{+0.027}_{0}$
9	130 ± 0.1	$\phi19^{+0.019}_{0}$	$\phi45^{+0.027}_{0}$
10	133 ± 0.1	$\phi19^{+0.019}_{0}$	$\phi45^{+0.027}_{0}$

实训要求	1）用计算机绘制夹具总装图一张（A3 图）、指定零件图一张（A4 图） 2）设计说明书一份（包括零件图分析、定位方案确定、定位误差计算等内容） 3）设计时间：6 天
审 核	
批 准	年 月 日
评 语	年 月 日

表 4-6　专用夹具综合实训任务书（四）

专　业		班　级		姓　名		学　号	
实训题目	钻 $\phi8mm$ 孔专用夹具设计			指导老师			
设计条件	零件简图（含材料、质量及毛坯种类）、中批量生产						

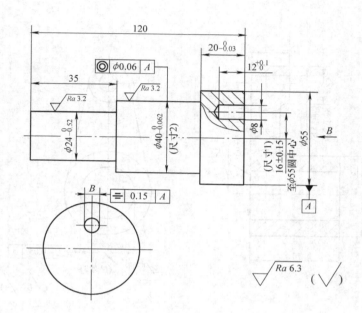

学　号	尺寸1	尺寸2	学　号	尺寸1	尺寸2
1	16 ± 0.15	$\phi40_{-0.062}^{0}$	6	18 ± 0.15	$\phi43_{-0.062}^{0}$
2	16 ± 0.15	$\phi41_{-0.062}^{0}$	7	19 ± 0.15	$\phi43_{-0.062}^{0}$
3	17 ± 0.15	$\phi41_{-0.062}^{0}$	8	19 ± 0.15	$\phi44_{-0.062}^{0}$
4	17 ± 0.15	$\phi42_{-0.062}^{0}$	9	20 ± 0.15	$\phi44_{-0.062}^{0}$
5	18 ± 0.15	$\phi42_{-0.062}^{0}$	10	20 ± 0.15	$\phi45_{-0.062}^{0}$
实训要求	1）用计算机绘制夹具总装图一张（A3 图）、指定零件图一张（A4 图） 2）设计说明书一份（包括零件图分析、定位方案确定、定位误差计算等内容） 3）设计时间：6 天				
审　核					
批　准					年　月　日
评　语					年　月　日

表4-7 专用夹具综合实训任务书（五）

专 业		班 级		姓 名		学 号	
实训题目	钻2×φ8mm孔专用夹具设计			指导老师			
设计条件	零件简图（含材料、质量及毛坯种类）、中批量生产						

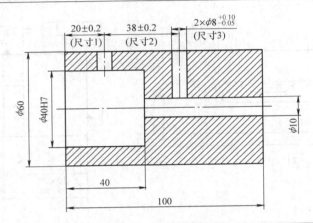

学号	尺寸1	尺寸2	尺寸3
1	20 ±0.2	38 ±0.2	$2 \times \phi 8^{+0.1}_{-0.05}$
2	22 ±0.2	40 ±0.2	$2 \times \phi 8^{+0.1}_{-0.05}$
3	24 ±0.2	41 ±0.2	$2 \times \phi 9^{+0.1}_{-0.05}$
4	25 ±0.2	43 ±0.2	$2 \times \phi 9^{+0.1}_{-0.05}$
5	26 ±0.2	44 ±0.2	$2 \times \phi 9^{+0.1}_{-0.05}$
6	28 ±0.2	45 ±0.2	$2 \times \phi 10^{+0.1}_{-0.05}$
7	29 ±0.2	47 ±0.2	$2 \times \phi 10^{+0.1}_{-0.05}$
8	30 ±0.2	48 ±0.2	$2 \times \phi 11^{+0.1}_{-0.05}$
9	32 ±0.2	49 ±0.2	$2 \times \phi 11^{+0.1}_{-0.05}$
10	33 ±0.2	51 ±0.2	$2 \times \phi 12^{+0.1}_{-0.05}$

实训要求	1）用计算机绘制夹具总装图一张（A3图）、指定零件图一张（A4图） 2）设计说明书一份（包括零件图分析、定位方案确定、定位误差计算等内容） 3）设计时间：6天
审 核	
批 准	年 月 日
评 语	年 月 日

表4-8　专用夹具综合实训任务书（六）

专　业		班　级		姓　名		学　号	
实训题目	铣20mm（宽）槽专用夹具设计			指导老师			
设计条件	零件简图（含材料、质量及毛坯种类）、中批量生产						

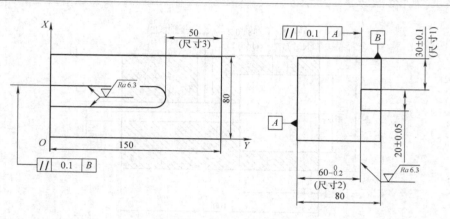

学号	尺寸1	尺寸2	尺寸3
1	30 ± 0.1	$60_{-0.2}^{\ 0}$	50
2	31 ± 0.1	$61_{-0.2}^{\ 0}$	51
3	32 ± 0.1	$62_{-0.2}^{\ 0}$	52
4	33 ± 0.1	$63_{-0.25}^{\ 0}$	53
5	34 ± 0.1	$64_{-0.25}^{\ 0}$	54
6	35 ± 0.1	$65_{-0.3}^{\ 0}$	55
7	36 ± 0.1	$66_{-0.3}^{\ 0}$	56
8	37 ± 0.1	$67_{-0.3}^{\ 0}$	57
9	38 ± 0.1	$68_{-0.35}^{\ 0}$	58
10	39 ± 0.1	$69_{-0.4}^{\ 0}$	59

实训要求	1）用计算机绘制夹具总装图一张（A3图）、指定零件图一张（A4图） 2）设计说明书一份（包括零件图分析、定位方案确定、定位误差计算等内容） 3）设计时间：6天
审　核	
批　准	年　月　日
评　语	年　月　日

表 4-9　专用夹具综合实训任务书（七）

专　业		班　级		姓　名		学　号	
实训题目	铣 12mm（宽）槽专用夹具设计			指导老师			
设计条件	零件简图（含材料、质量及毛坯种类）、中批量生产						

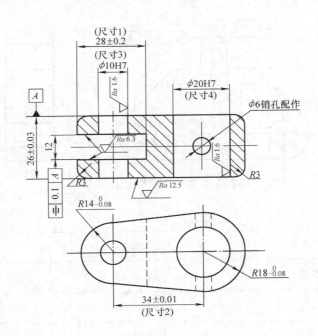

学号	尺寸 1	尺寸 2	尺寸 3	尺寸 4
1	28 ± 0.2	34 ± 0.01	$\phi 10$ H7	$\phi 20$ H7
2	29 ± 0.2	36 ± 0.02	$\phi 11$ H7	$\phi 21$ H8
3	30 ± 0.2	38 ± 0.02	$\phi 11$ H7	$\phi 22$ H8
4	31 ± 0.2	40 ± 0.02	$\phi 11$ H7	$\phi 23$ H8
5	32 ± 0.2	42 ± 0.02	$\phi 11$H7	$\phi 24$ H8
6	33 ± 0.2	44 ± 0.02	$\phi 12$ H7	$\phi 25$ H7
7	34 ± 0.3	46 ± 0.03	$\phi 12$ H7	$\phi 26$ H7
8	35 ± 0.3	48 ± 0.03	$\phi 12$ H7	$\phi 27$ H7
9	36 ± 0.3	50 ± 0.03	$\phi 12$ H7	$\phi 28$ H7
10	37 ± 0.3	52 ± 0.03	$\phi 12$ H7	$\phi 29$ H7
实训要求	1）用计算机绘制夹具总装图一张（A3 图）、指定零件图一张（A4 图） 2）设计说明书一份（包括零件图分析、定位方案确定、定位误差计算等内容） 3）设计时间：6 天				
审　核					
批　准				年　月　日	
评　语				年　月　日	

表 4-10　专用夹具综合实训任务书（八）

专　业		班　级		姓　名		学　号	
实训题目	铣两侧面专用夹具设计			指导老师			
设计条件	零件简图（含材料、质量及毛坯种类）、中批量生产						

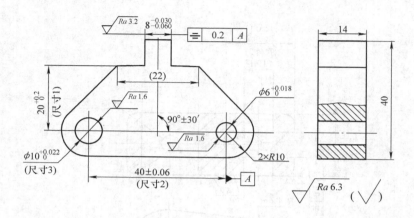

学号	尺寸1	尺寸2	尺寸3
1	$20^{+0.2}_{0}$	40 ± 0.06	$\phi 10^{+0.022}_{0}$
2	$21^{+0.2}_{0}$	41 ± 0.06	$\phi 10^{+0.027}_{0}$
3	$22^{+0.2}_{0}$	42 ± 0.06	$\phi 11^{+0.027}_{0}$
4	$22^{+0.2}_{0}$	43 ± 0.06	$\phi 11^{+0.027}_{0}$
5	$23^{+0.2}_{0}$	44 ± 0.08	$\phi 12^{+0.027}_{0}$
6	$24^{+0.2}_{0}$	45 ± 0.08	$\phi 12^{+0.027}_{0}$
7	$24.5^{+0.2}_{0}$	46 ± 0.08	$\phi 13^{+0.043}_{0}$
8	$25^{+0.2}_{0}$	47 ± 0.08	$\phi 13^{+0.043}_{0}$
9	$25.5^{+0.2}_{0}$	48 ± 0.08	$\phi 14^{+0.043}_{0}$
10	$26^{+0.2}_{0}$	49 ± 0.08	$\phi 14^{+0.043}_{0}$

实训要求	1）用计算机绘制夹具总装图一张（A3 图）、指定零件图一张（A4 图） 2）设计说明书一份（包括零件图分析、定位方案确定、定位误差计算等内容） 3）设计时间：6 天
审　核	
批　准	年　月　日
评　语	年　月　日

表 4-11　专用夹具综合实训任务书（九）

专　业		班　级		姓　名		学　号	
实训题目	铣槽专用夹具设计			指导老师			
设计条件	零件简图（含材料、质量及毛坯种类）、中批量生产						

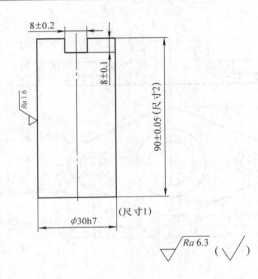

学号	尺寸1	尺寸2	学号	尺寸1	尺寸2
1	ϕ30h7	90 ± 0.05	6	ϕ38h7	98 ± 0.5
2	ϕ32h7	93 ± 0.05	7	ϕ39h7	98 ± 0.5
3	ϕ33h7	93 ± 0.05	8	ϕ41h7	99 ± 0.5
4	ϕ35h7	95 ± 0.05	9	ϕ44h7	99 ± 0.5
5	ϕ36h7	95 ± 0.05	10	ϕ46h7	100 ± 0.5

实训要求	1）用计算机绘制夹具总装图一张（A3 图）、指定零件图一张（A4 图） 2）设计说明书一份（包括零件图分析、定位方案确定、定位误差计算等内容） 3）设计时间：6 天	
审　核		
批　准		年　月　日
评　语		年　月　日

表 4-12　专用夹具综合实训任务书（十）

专　业		班　级		姓　名		学　号	
实训题目	铣削外形专用夹具设计			指导老师			
设计条件	零件简图（含材料、质量及毛坯种类）、中批量生产						

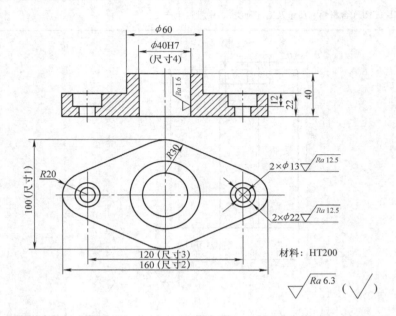

材料：HT200

$\sqrt{\dfrac{Ra\,6.3}{}}$（√）

学号	尺寸1	尺寸2	尺寸3	尺寸4
1	100	160	120	$\phi40H7$
2	102	161	122	$\phi40H7$
3	104	163	124	$\phi41H7$
4	106	165	126	$\phi41H7$
5	108	166	128	$\phi42H7$
6	109	168	130	$\phi42H7$
7	110	169	132	$\phi43H7$
8	112	170	133	$\phi43H7$
9	114	171	134	$\phi43H7$
10	115	172	136	$\phi44H7$

实训要求	1）用计算机绘制夹具总装图一张（A3 图）、指定零件图一张（A4 图） 2）设计说明书一份（包括零件图分析、定位方案确定、定位误差计算等内容） 3）设计时间：6 天	
审　核		
批　准		年　月　日
评　语		年　月　日

表4-13 专用夹具综合实训任务书（十一）

专 业		班 级		姓 名		学 号	
实训题目	罗拉座工艺规程设计与专用夹具设计			指导老师			
设计条件	1）产品名称：细纱机 2）年产量：$Q=160$ 台 3）零件名称：罗拉座 4）每台零件数：$n=54$ 5）车间工作制：两班制 6）设备及技术情况：以通用机床为主，有较强的专用工装设计和制造能力						
零件图	如图4-2所示						
实训要求	一、零件加工工艺设计 1）零件结构工艺性分析、技术要求分析 2）选择毛坯，确定加工面的加工余量；绘制毛坯—工件图 3）拟定零件加工工艺路线，确定加工工序数目及顺序 4）优化加工路线，编制零件的机械加工工艺过程；选择所用的机床、刀具、夹具、量具 5）填写零件机械加工工艺过程卡 6）编制、填写所有机械加工工序的工序卡（包括绘制工序图） 二、某一工序的专用夹具设计 （分两大类：铣夹具和钻夹具） 1）根据你的工艺文件，设计_____专用夹具 2）针对你将设计的专用夹具，对该工序的加工技术要求进行具体分析 3）专用夹具的总体设计 4）主要部件（即定位元件、夹紧装置、夹具体等）的设计 5）绘制专用夹具装配草图 6）绘制整套夹具元件的工作图 三、编写设计说明书 四、设计时间：三周						
审 核							
批 准						年 月 日	
评 语						年 月 日	

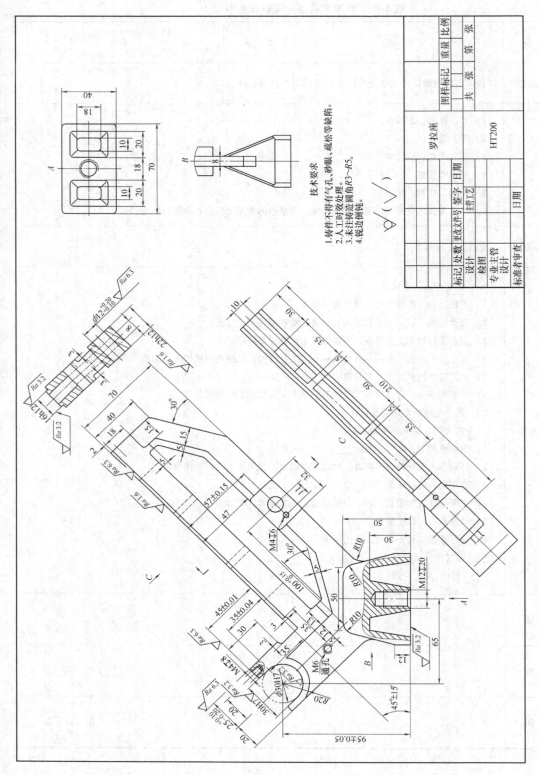

图 4-2 罗拉座零件图

附录 机床夹具设计常用资料

附录 A 定位夹紧符号

分类	标注位置	独立		联动	
		标注在视图轮廓线上	标注在视图正面上	标注在视图轮廓线上	标注在视图正面上
定位点	固定式	∧	⊙	∧∧	⊙ ⊙
	活动式	∧	⊘	∧∧	⊘ ⊘
辅助支承		∧	⊘	∧∧	⊘ ⊘
机械夹紧		↓	↳	↓↓	↓↓
液压夹紧		Y ↓	Y ↳	Y ↓↓	Y ↓↓
气动夹紧		Q ↓	Q ↳	Q ↓↓	Q ↓↓

示例：阿拉伯数字表示所限制的自由度数。

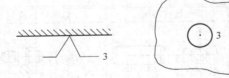

附录 B　常用定位元件所能限制的自由度

工件的定位面		夹具的定位元件		
平面	支承钉	定位情况	1 个支承钉	2 个支承钉	3 个支承钉
		图示	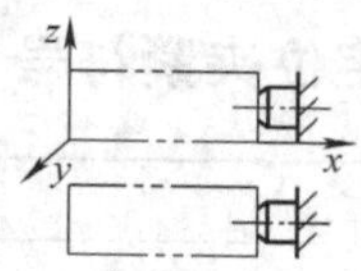	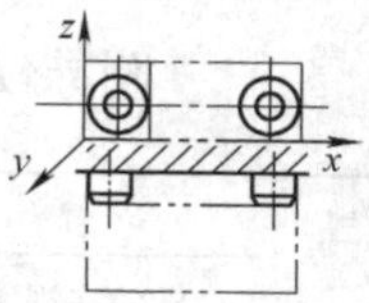	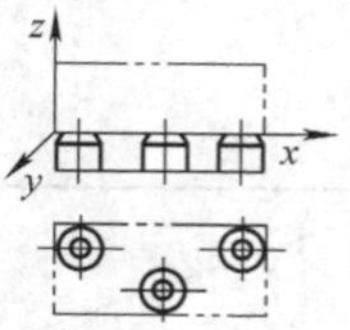
		限制的自由度	$\vec{x}$	$\vec{y}$ $\vec{z}$	$\vec{z}$ $\hat{x}$ $\hat{y}$
	支承板	定位情况	一块条形支承板	两块条形支承板	一块矩形支承板
		图示	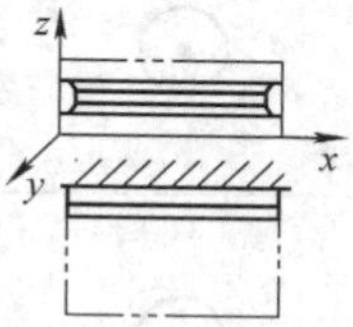	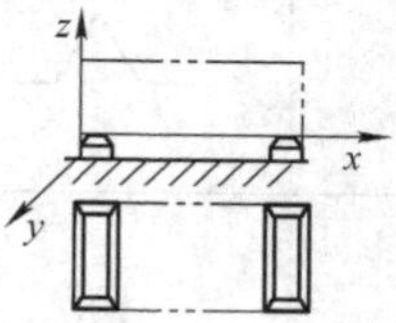	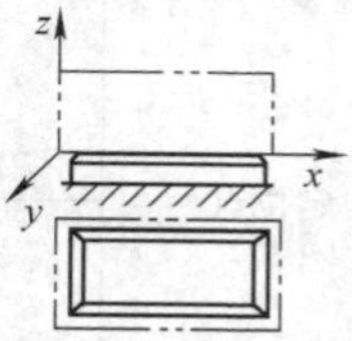
		限制的自由度	$\vec{y}$ $\vec{z}$	$\vec{z}$ $\hat{x}$ $\hat{y}$	$\vec{z}$ $\hat{x}$ $\hat{y}$
圆孔	圆柱销	定位情况	短圆柱销	长圆柱销	两段短圆柱销
		图示	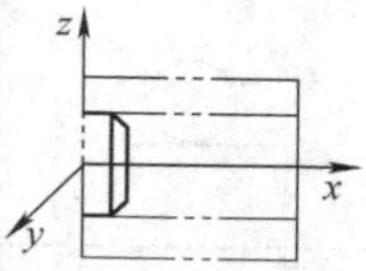	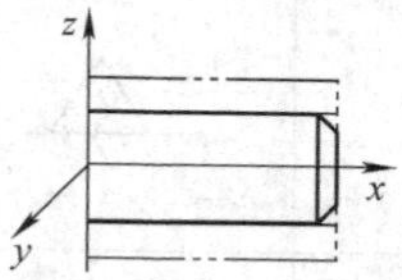	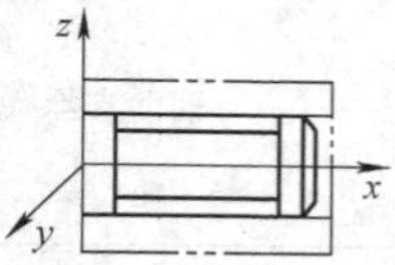
		限制的自由度	$\vec{y}$ $\vec{z}$	$\vec{y}$ $\vec{z}$ $\hat{y}$ $\hat{z}$	$\vec{y}$ $\vec{z}$ $\hat{y}$ $\hat{z}$
		定位情况	菱形销[①]	长销小平面组合	短销大平面组合
		图示	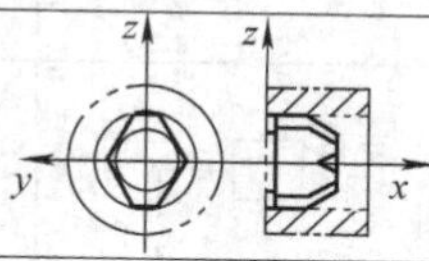	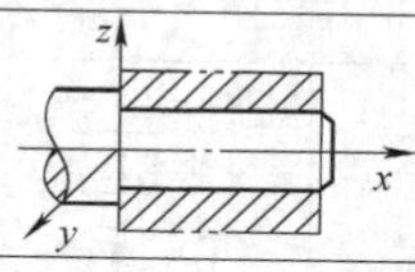	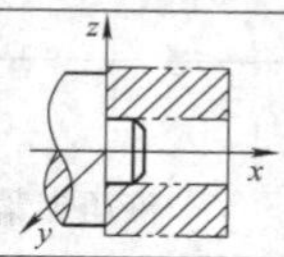
		限制的自由度	$\vec{z}$	$\vec{x}$ $\vec{y}$ $\vec{z}$ $\hat{y}$ $\hat{z}$	$\vec{x}$ $\vec{y}$ $\vec{z}$ $\hat{y}$ $\hat{z}$
	圆锥销	定位情况	固定锥销	浮动锥销	固定锥销与浮动锥销组合
		图示	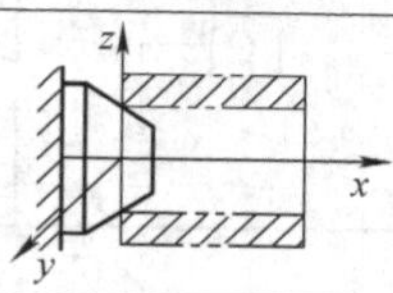	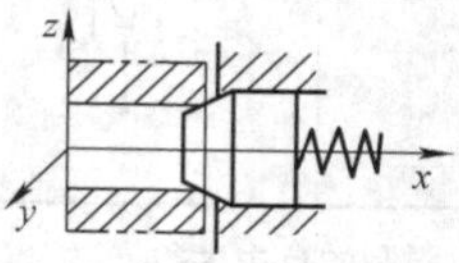	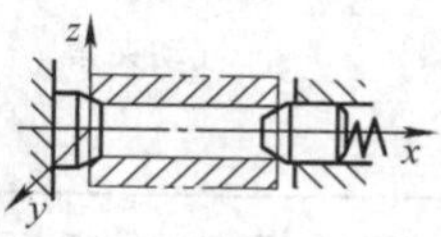
		限制的自由度	$\vec{x}$ $\vec{y}$ $\vec{z}$	$\vec{y}$ $\vec{z}$	$\vec{x}$ $\vec{y}$ $\vec{z}$ $\hat{y}$ $\hat{z}$
	心轴	定位情况	长圆柱心轴	短圆柱心轴	小锥度心轴
		图示	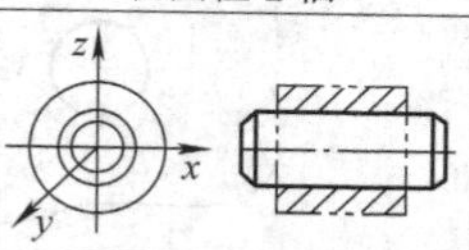	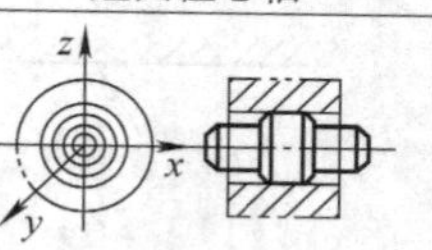	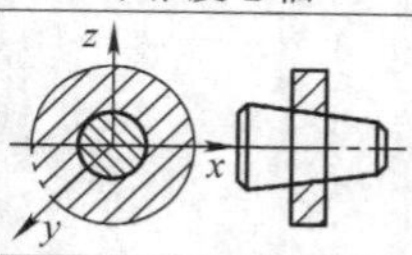
		限制的自由度	$\vec{x}$ $\vec{z}$ $\hat{x}$ $\hat{z}$	$\vec{x}$ $\vec{z}$	$\vec{x}$ $\vec{z}$

（续）

工件的定位面		夹具的定位元件			
外圆柱面	V形块	定位情况	一块短V形块	两块短V形块	一块长V形块
		图示	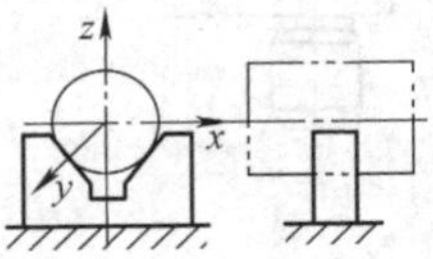	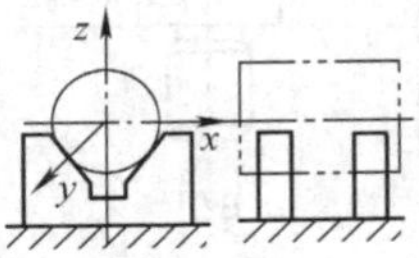	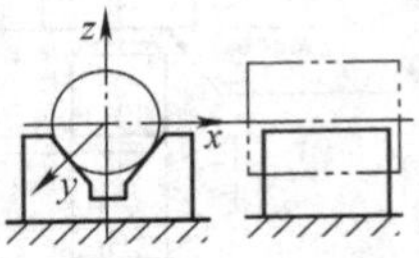
		限制的自由度	$\vec{x}$ $\vec{z}$	$\vec{x}$ $\vec{z}$ $\hat{x}$ $\hat{z}$	$\vec{x}$ $\vec{z}$ $\hat{x}$ $\hat{z}$
	定位套	定位情况	一个短定位套	两个短定位套	一个长定位套
		图示	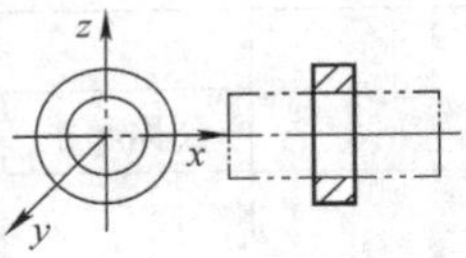	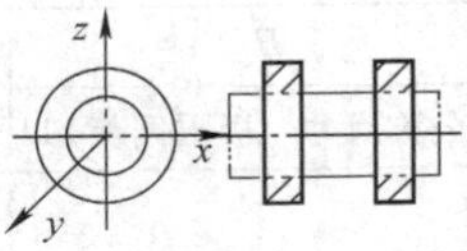	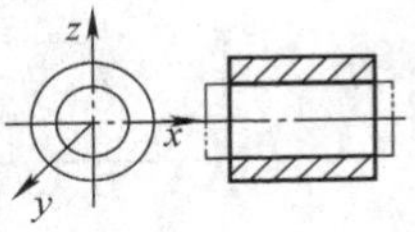
		限制的自由度	$\vec{x}$ $\vec{z}$	$\vec{x}$ $\vec{z}$ $\hat{x}$ $\hat{z}$	$\vec{x}$ $\vec{z}$ $\hat{x}$ $\hat{z}$
圆锥孔	锥顶尖和锥度心轴	定位情况	固定顶尖	浮动顶尖	锥度心轴
		图示	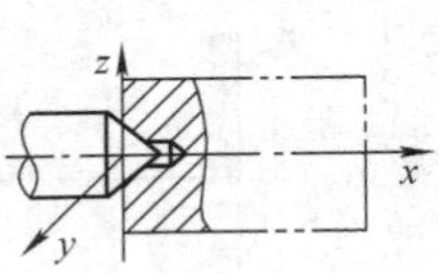	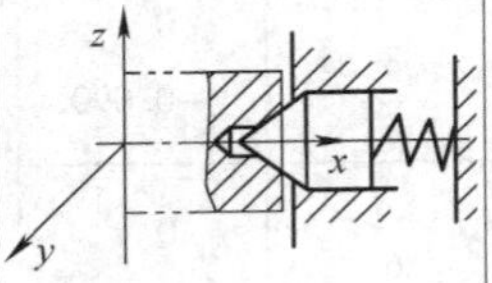	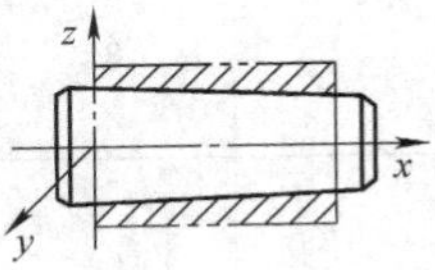
		限制的自由度	$\vec{x}$ $\vec{y}$ $\vec{z}$	$\vec{y}$ $\vec{z}$	$\vec{x}$ $\vec{y}$ $\vec{z}$ $\hat{y}$ $\hat{z}$

① 箱体加工时，工件常以"一面两销"定位，平面限制三个自由度，一个短圆柱销限制了两个自由度$\vec{y}$、$\vec{z}$，故此时另一个菱形销限制的为回转自由度$\hat{x}$。

附录 C　支 承 钉　　　　　　（单位：mm）

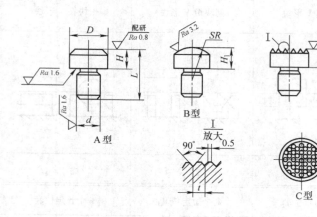

A 型　B 型　C 型

标记示例

$D = 16$、$H = 8$ 的 A 型支承钉标记为：

支承钉　A16 × 8 JB/T 8029.2—1999

技术要求

1. 材料 T8。

2. 热处理硬度 55 ~ 60HRC。

3. 其他技术要求按 JB/T 8044—1999 的规定。

D	H	H_1		L	d		SR	t
		公称尺寸	极限偏差 h11		公称尺寸	极限偏差 r6		
5	2	2	0 −0.060	6	3	+0.016 +0.010	5	
	5	5		9				1
6	3	3	0 −0.075	8	4		6	
	6	6		11		+0.023 +0.015		
8	4	4		12	6		8	
	8	8	0 −0.090	16				
12	6	6	0 −0.075		8		12	1.2
	12	12	0 −0.110	22		+0.028 +0.019		
16	8	8	0 −0.090	20	10		16	1.5
	16	16	0 −0.110	28				

附录 D 支 承 板 　　　　　　（单位：mm）

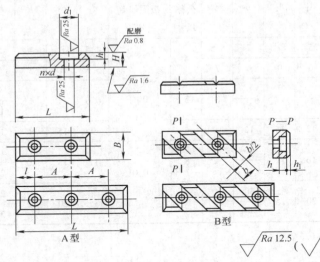

A 型

B 型

$\sqrt{Ra\,12.5}\;(\sqrt{})$

标记示例

$H = 16$、$L = 100$ 的 A 型支承板标记

为：支承板　A16×100

JB/T 8029. 1—1999

技术要求

1. 材料 T8。

2. 热处理 55～60HRC。

3. 其他技术要求按 JB/T 8044—1999
的规定。

H	L	B	b	l	A	d	d_1	h	h_1	孔数 n
6	30	12	—	7.5	15	4.5	8	3	—	2
	45									3
8	40	14		10	20	5.5	10	3.5		2
	60									3
10	60	16	14	15	30	6.6	11	4.5	1.5	2
	90									3

附录 E V 形 块 　　　　　　（单位：mm）

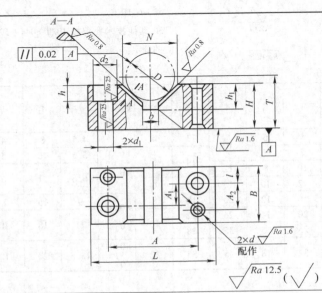

$\sqrt{Ra\,12.5}\;(\sqrt{})$

标记示例

$N = 24$ 的 V 形块标记为：V 形块

24JB/T 8018. 1—1999

技术要求

1. 材料 20 钢。

2. 热处理渗碳深度 0.8～1.2，硬度
58～64HRC。

3. 其他技术要求按 JB/T 8044—
1999 的规定。

（续）

N	D	L	B	H	A	A₁	A₂	b	l	d 公称尺寸	d 极限偏差 H7	d₁	d₂	h	h₁
9	5~10	32	16	10	20	5	7	2	5.5	4		4.5	8	4	5
14	>10~15	38	20	12	26	6	9	4	7			5.5	10	5	7
18	>15~20	46	25	16	32	9	12	6	8		+0.012 / 0	6.6	11	6	9
24	>20~25	55		20	40			8		5					11
32	>25~35	70	32	25	50	12	15	12	10	6		9	15	8	14
42	>35~45	85	40	32	64	16	19	16	12	8		11	18	10	18
55	>45~60	100		35	76			20			+0.015 / 0				22
70	>60~80	125	50	42	96	16	25	30	15	10		13.5	20	12	25
85	>80~100	140		50	110			40							30

注：尺寸 T 按公式计算，即 $T = H + 0.707D - 0.5N$。

附录 F　固定 V 形块　　（单位：mm）

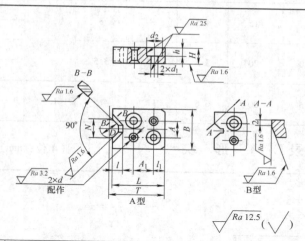

标记示例

$N = 18$ 的 A 型固定 V 形块标记为：V 形块　A18

JB/T 8018.2—1999

技术要求

1. 材料 20 钢。

2. 热处理渗碳深度 0.8~1.2，硬度为 58~64HRC。

3. 其他技术要求按 JB/T 8044—1999 的规定。

N	D	B	H	L	l	l₁	A	A₁	d 公称尺寸	d 极限偏差 H7	d₁	d₂	h
9	5~10	22	10	32	5	6	10	13	4		4.5	8	4
14	>10~15	24	12	35	7	7		14	5	+0.012 / 0	5.5	10	5
18	>15~20	28	14	40	10	8	12				6.6	11	6
24	>20~25	34	16	45	12	10	15	15	6				
32	>25~35	42		55	16	12	20	18	8	+0.015 / 0	9	15	8
42	>35~45	52	20	68	20	14	26	22					
55	>45~60	65		80	25	15	35	28	10		11	18	10
70	>60~80	80	25	90	32	18	45	35	12	+0.018 / 0	13.5	20	12

注：尺寸 T 按公式计算，即 $T = L + 0.707D - 0.5N$。

附录 G　活动 V 形块　　　　　（单位：mm）

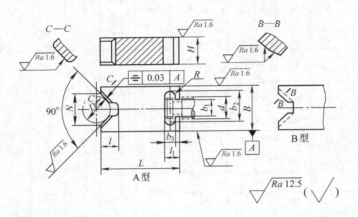

C—C

B—B

A 型

$Ra\,12.5$（✓）

标记示例

$N = 18$ 的 A 型活动 V 形块标记为：V 形块　A18 JB/T 8018.4—1999

技术要求

1. 材料 20 钢。

2. 热处理渗碳深度 0.8 ~ 1.2，硬度 58 ~ 64HRC。

3. 其他技术要求按 JB/T 8044—1999 的规定。

N	D	B		H		L	l	l_1	b_1	b_2	b_3	相配件 d
		公称尺寸	极限偏差 f7	公称尺寸	极限偏差 f9							
9	5 ~ 10	18	−0.016 −0.034	10	−0.013 −0.049	32	5	6	5	10	4	M6
14	> 10 ~ 15	20	−0.020	12		35	7	8	6.5	12	5	M8
18	> 15 ~ 20	25	−0.041	14	−0.016 −0.059	40	10	10	8	15	6	M10
24	> 20 ~ 25	34	−0.025	16		45	12	12	10	18	8	M12
32	> 25 ~ 35	42	−0.050			55	16	13	13	24	10	M16
42	> 35 ~ 45	52	−0.030	20	−0.020 −0.072	70	20					
55	> 45 ~ 60	65				85	25	15	17	28	11	M20
70	> 60 ~ 80	80	−0.060	25		105	32					

附录 H　导　　板　　　　　（单位：mm）

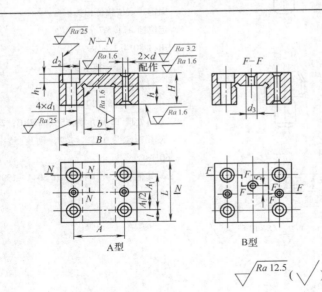

A 型

B 型

$Ra\,12.5$（✓）

标记示例

$b = 20$ 的 A 型导板标记为：导板 A20 JB/T 8019—1999

技术要求

1. 材料 20 钢。

2. 热处理渗碳深度 0.8 ~ 1.2，硬度 58 ~ 64HRC。

3. 其他技术要求按 JB/T 8044—1999 的规定。

（续）

b		h										d				
公称尺寸	极限偏差 H7	公称尺寸	极限偏差 H8	B	L	H	A	A_1	l	h_1		公称尺寸	极限偏差 H7	d_1	d_2	d_3
18	+0.018 0	10	+0.022 0	50	38	18	34	22	8	6		5	+0.012 0	6.6	11	M8
20	+0.021 0	12		52	40	20	35									
25		14	+0.027 0	60	42	25	42	24	9			6				
34	+0.025 0	16		72	50	28	52		11	8				9	15	M10
42				90	60	32	65	34	13			8	+0.015 0	11	18	
52		20		104	70	35	78	40	15	10		10				
65	+0.030 0		+0.033 0	120	80		90	48	15.5					13.5	20	M12
80		25		140	100	40	110	66	17	12		12	+0.018 0			

附录 I　固定式定位销　　　　　　　（单位：mm）

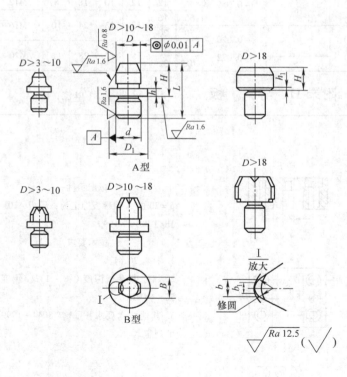

标记示例

$D = 11.5$ 公差带为 f7、$H = 14$ 的 A 型固定式定位销标记为：

定位销 A11.5f7 × 14

JB/T 8014.1—1999

技术要求

1. 材料 $D \leqslant 18$，T8；

　　$D > 18$，20 钢。

2. 热处理 T8 硬度为 55～60HRC；20 钢渗碳深度 0.8～1.2，硬度 55～60HRC。

3. 其他技术要求按 JB/T 8044—1999 的规定。

（续）

D	H	d 公称尺寸	d 极限偏差 r6	D_1	L	h	h_1	B	b	b_1
>3~6	8	6	+0.023	12	16	3	—	D−0.5	2	1
	14		+0.015		22	7				
>6~8	10	8	+0.028	14	20	3		D−1	3	2
	18		+0.019		28	7				
>8~10	12	10	+0.028	16	24	4		D−2	4	3
	22		+0.019		34	8				
>10~14	14	12	+0.034	18	26	4				
	24		+0.023		36	9				
>14~18	16	15		22	30	5				
	26				40	10				
>18~20	12	12			26	—	1	D−2	4	
	18				32					
	28				42					
>20~24	14		+0.034		30	—	2	D−3	5	3
	22		+0.023		38					
	32	15			48					
>24~30	16				36			D−4		
	25				45					
	34				54					

注：D 的公差带按设计要求决定。

附录 J　定位衬套　　　　（单位：mm）

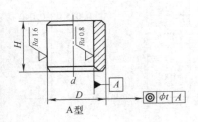

A型

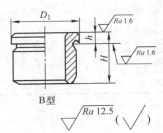

B型

$\sqrt{Ra\,12.5}\ \left(\sqrt{\ }\right)$

标记示例

$d = 22$，公差带为 H6，$H = 20$ 的 A 型定位衬套标记为：

定位衬套　A22H6×20 JB/T 8013—1999

技术要求

1. 材料 $d \le 25$，T8 按 GB/T 1298—2008 的规定

$d > 25$，20 钢按 GB/T 699—1999 的规定

2. 热处理 T8 硬度为 55~60HRC；20 钢渗碳深度 0.8~1.2，硬度 55~60HRC

3. 其他技术要求按 JB/T 8044—1999 的规定。

（续）

d			H	D		D_1	h	ϕt	
公称尺寸	极限偏差 H6	极限偏差 H7		公称尺寸	极限偏差 n6			用于 H6	用于 H7
3	+0.006 0	+0.010 0	8	8	+0.019 +0.010	11	3	0.005	0.008
4	+0.008 0	+0.012 0	10	10		13			
6				12	+0.023 +0.012	15			
8	+0.009 0	+0.015 0	12	15		18			
10				18		22			
12	+0.011 0	+0.018 0	16	22	+0.028 +0.015	26	4		
15				26		30			
18			20	30		34			
22				35		39			
26	+0.013 0	+0.021 0	25 / 45	42	+0.033 +0.017	46	5		
30			25 / 45	48		52		0.008	0.012
35			30 / 56	55		59			
42	+0.016 0	+0.025 0	30 / 56	62		66			
48			30 / 56	70	+0.039 +0.020	74	6		
55			35 / 67	78		82			
62	+0.019 0	+0.030 0	35 / 67	85	+0.045 +0.023	90		0.025	0.040
70			40 / 78	95		100			
78									

附录 K　带肩六角螺母　　　　　　（单位：mm）

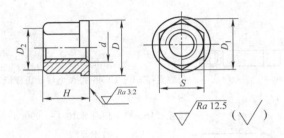

标记示例

d = M16 的带肩六角螺母标记为：

螺母 M16 JB/T 8004.1—1999

d = M16 × 1.5 的带肩六角螺母标记为：

螺母 M16 × 1.5 JB/T 8004.1—1999

技术要求

1. 材料 45 钢。

2. 热处理硬度 40 ~ 45HRC。

3. 细牙螺母的支承面对螺纹轴线的垂直度公差按 GB/T 1184—1996 中规定的 9 级。

4. 其他技术要求按 JB/T 8044—1999 的规定。

d		D	H	S		$D_1 \approx$	$D_2 \approx$
普通螺纹	细牙螺纹			公称尺寸	极限偏差		
M5	—	10	8	8	0 −0.220	9.2	7.5
M6	—	12.5	10	10		11.5	9.5
M8	M8 × 1	17	12	13	0 −0.270	14.2	13.5
M10	M10 × 1	21	16	16		17.59	16.5
M12	M12 × 1.25	24	20	18		19.85	17
M16	M16 × 1.5	30	25	24	0 −0.330	27.7	23
M20	M20 × 1.5	37	32	30		34.6	29
M24	M24 × 1.5	44	38	36	0 −0.620	41.6	34
M30	M30 × 1.5	56	48	46		53.1	44
M36	M36 × 1.5	66	55	55	0 −0.740	63.5	53
M42	M42 × 1.5	78	65	65		75	62
M48	M48 × 1.5	92	75	75		86.5	72

附录 L　回转手柄螺母　　　　　　（单位：mm）

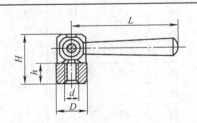

标记示例

d = M10 的回转手柄螺母标记为：

手柄螺母 M10 JB/T 8004.9—1999

技术要求

1. 材料 45 钢。

2. 热处理硬度 35 ~ 40HRC。

3. 其他技术要求按 JB/T 8044—1999 的规定。

d	D	L	H	h
M8	18	65	30	14
M10	22	80	36	16
M12	25	100	45	20
M16	32	120	58	26
M20	40	160	72	32

附录 M　移动压板　　　　　　（单位：mm）

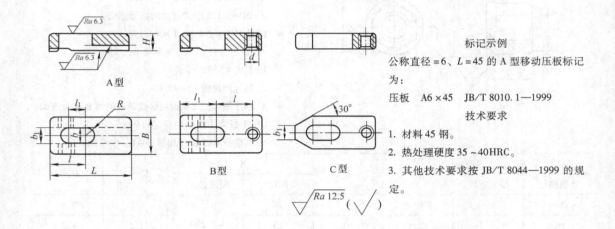

A 型

B 型

C 型

$\sqrt{Ra\,12.5}\,(\sqrt{\quad})$

标记示例

公称直径 = 6、L = 45 的 A 型移动压板标记为：

压板　A6 × 45　JB/T 8010.1—1999

技术要求

1. 材料 45 钢。

2. 热处理硬度 35 ~ 40HRC。

3. 其他技术要求按 JB/T 8044—1999 的规定。

公称直径（螺纹直径）	L			B	H	l	l_1	b	b_1	d
	A 型	B 型	C 型							
6	40	—	40	18	6	17	9	6.6	7	M6
	45		—	20	8	19	11			
		50		22	12	22	14			
8	45			20	8	18	8	9	9	M8
		50		22	10	22	12			
10	60		60	25	14	27	17	11	10	M10
		—	—		10		14			
		70		28	12	30	17			
		80		30	16	36	23			
12	70	—	—	32	14	30	15	14	12	M12
		80			16	35	20			
		100			18	45	30			
		120		36	22	55	43			
16	80	—	—		18	35	15	18	16	M16
		100		40	22	44	24			
		120		45	25	54	36			
		160			30	74	54			

附录 N 常用对刀块的结构 （单位：mm）

（1）圆形对刀块（摘自 JB/T 8031.1—1999）

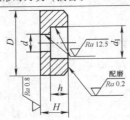

$\sqrt{Ra\,6.3}\ (\sqrt{\ })$

标记示例

$D = 25$ 的圆形对刀块标记为：

对刀块 25 JB/T 8031.1—1999

D	H	h	d	d_1
16	10	6	5.5	10
25		7	6.6	11

（2）方形对刀块（摘自 JB/T 8031.2—1999）

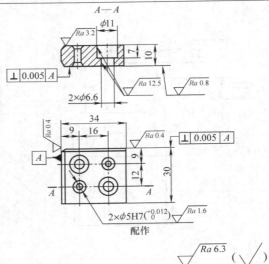

$\sqrt{Ra\,6.3}\ (\sqrt{\ })$

标记示例

方形对刀块标记为：

对刀块 JB/T 8031.2—1999

（3）直角对刀块（摘自 JB/T 8031.3—1999）

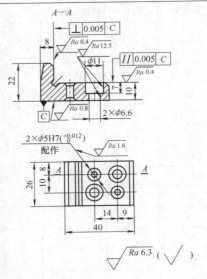

$\sqrt{Ra\,6.3}\ (\sqrt{\ })$

标记示例

直角对刀块标记为：

对刀块 JB/T 8031.3—1999

（4）侧装对刀块（摘自 JB/T 8031.4—1999）

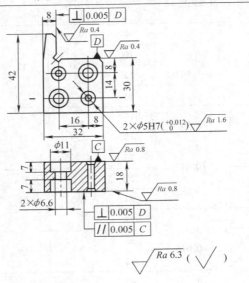

$\sqrt{Ra\,6.3}\ (\sqrt{\ })$

标记示例

侧装对刀块标记为：

对刀块 JB/T 8031.4—1999

注：1. 材料：20 钢。
　　2. 热处理：渗碳深度 0.8～1.2mm，硬度 58～64HRC。
　　3. 技术条件：按 JB/T 8044—1999 的规定。

附录 O　定向键（摘自 JB/T 8017—1999）　　（单位：mm）

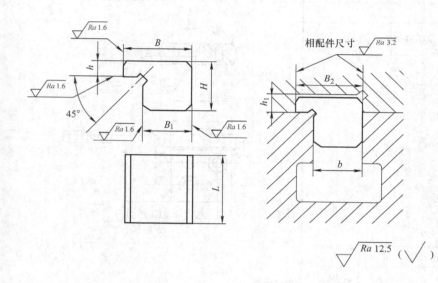

技术要求

1. 材料 45 钢，按 GB/T 699—1999 的规定。

2. 热处理硬度 40 ~ 45HRC。

3. 其他技术要求按 JB/T 8044—1999 的规定。

B		B_1	L	H	h	相　配　件			h_1
公称尺寸	极限偏差 h6					T 形槽宽度 b	B_2 公称尺寸	极限偏差 H7	
18	0 −0.011	8	20	12	4	8	10	+0.018 0	6
		10				10			
		12				12			
		14				14			
24	0 −0.013	16	25	18	5.5	(16)	24	+0.021 0	7
		18				18			
		20				(20)			
28		22	40	22	7	22	28		9
		24				(24)			
36	0 −0.016	28	50	35	10	28	36	+0.025 0	12
48		36				36	48		
		42				42			
60	0 −0.019	48	65	50	12	48	60	+0.030 0	14
		54				54			

注：1. 尺寸 B_1 留磨量 0.5mm 按机床 T 形槽宽度配作，公差带为 h6 或 h8。

　　2. 括弧内尺寸尽量不采用。

附录 P 固定钻套 （单位：mm）

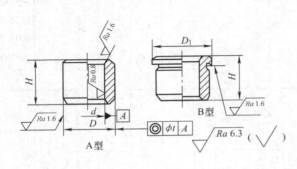

A型

标记示例

$d = 18$、$H = 16$ 的 A 型固定钻套标记为：

钻套 A18×16 JB/T 8045.1—1999

技术要求

1. 材料 $d \leqslant 26$，T10A 按 GB/T 1298—2008 的规定；

　　　$d > 26$，20 钢按 GB/T 699—1999 的规定。

2. 热处理 T10A 硬度为 58～64HRC；20 钢渗碳深度 0.8～1.2，硬度 58～64HRC。

3. 其他技术要求按 JB/T 8044—1999 的规定。

d		D		D_1		H		t
基本尺寸	极限偏差 F7	基本尺寸	极限偏差 n6					
>6～8	+0.028	12	+0.023	15	10	16	20	0.008
>8～10	+0.013	15	+0.012	18	12	20	25	
>10～12	+0.034	18		22				
>12～15	+0.016	22	+0.028	26	16	28	36	
>15～18		26	+0.015	30				
>18～22	+0.041	30		34	20	36	45	0.012
>22～26	+0.020	35	+0.033	39				
>26～30		42	+0.017	46	25	45	56	

附录 Q 可换钻套 （单位：mm）

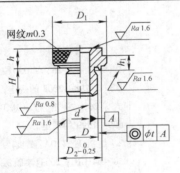

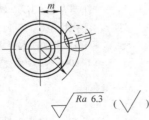

标记示例

$d = 12$、公差带为 F7、$D = 18$、公差带为 k6、$H = 16$ 的可换钻套标记为：

钻套 12F7×18k6×16 JB/T 8045.2—1999

技术要求

1. 材料 $d \leqslant 26$，T10A 按 GB/T 1298—2008 的规定；

　　　$d > 26$，20 钢按 GB/T 699—1999 的规定。

2. 热处理 T10A 硬度为 58～64HRC；20 钢渗碳深度为 0.8～1.2，硬度 58～64HRC。

3. 其他技术要求按 JB/T 8044—1999 的规定。

（续）

d		D			滚花前 D_1	D_2	H			h	h_1	r	m	t	配用螺钉 JB/T 8045.5—1999
公称尺寸	极限偏差 F7	公称尺寸	极限偏差 m6	极限偏差 k6											
>0~3	+0.016 +0.006	8	+0.015 +0.006	+0.010 +0.001	15	12	10	16	—	8	3	11.5	4.2	0.008	M5
>3~4	+0.022 +0.010														
>4~6		10	+0.018 +0.007	+0.012 +0.001	18	15	12	20	25			13	5.5		
>6~8	+0.028 +0.013	12			22	18				10	4	16	7		M6
>8~10		15			26	22	16	28	36			18	9		
>10~12	+0.034 +0.016	18			30	26						20	11		
>12~15		22	+0.021 +0.008	+0.015 +0.002	34	30	20	36	45			23.5	12		
>15~18		26			39	35						26	14.5		
>18~22	+0.041 +0.020	30	+0.025 +0.009	+0.018 +0.002	46	42	25	45	56	12	5.5	29.5	18	0.012	M8
>22~26		35			52	46						32.5	21		
>26~30		42			59	53	30	56	67			36	24.5		

附录 R 快换钻套（摘自 JB/T 8045.3—1999）

（单位：mm）

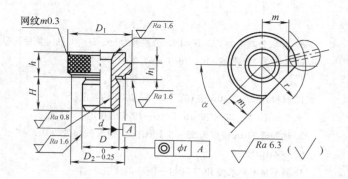

技术要求

1. 材料 $d \leqslant 26$，T10A 按 GB/T 1298—2008 的规定；$d > 26$，20 钢按 GB/T 699—1999 的规定。

2. 热处理 T10A 硬度为 58~64HRC；20 钢渗碳深度 0.8~1.2，硬度 58~64HRC。

3. 其他技术要求按 JB/T 8044—1999 的规定。

（续）

d 公称尺寸	极限偏差 F7	D 公称尺寸	极限偏差 m6	极限偏差 k6	D_1 滚花前	D_2	H			h	h_1	r	m	m_1	α	t	配用螺钉 JB/T 8045.5—1999
>0~3	+0.016 / +0.006	8	+0.015 / +0.006	+0.010 / +0.001	15	12	10	16	—	8	3	11.5	4.2	4.2	50°	0.008	M5
>3~4	+0.022 / +0.010																
>4~6		10	+0.018 / +0.007	+0.012 / +0.001	18	15	12	20	25			13	6.5	5.5			M6
>6~8	+0.028 / +0.013	12			22	18						16	7	7			
>8~10		15			26	22	16	28	56	10	4	18	9	9			
>10~12	+0.034 / +0.016	18			30	26						20	11	11			
>12~15		22	+0.021 / +0.008	+0.015 / +0.002	34	30	20	36	45			23.5	12	12	55°		M8
>15~18		26			39	35						26	14.5	14.5			
>18~22	+0.041 / +0.020	30	+0.025 / +0.009	+0.018 / +0.002	46	42	25	45	56	12	5.5	29.5	18	18		0.012	
>22~26		35			52	46						32.5	21	21			
>26~30		42			59	53						36	24.5	25			
>30~35	+0.050 / +0.025	48	+0.030 / +0.011	+0.021 / +0.002	66	60	30	56	67			41	27	28	65°		
>35~42		55			74	68						45	31	32			
>42~48		62			82	76						49	35	36			
>48~50		70			90	84	35	67	78			53	39	40			
>50~55	+0.060 / +0.030														70°	0.040	M10
>55~62		78	+0.035 / +0.013	+0.025 / +0.003	100	94	40	78	105	16	7	58	44	45			
>62~70		85			110	104						63	49	50			
>70~78		95			120	114						68	54	55			
>78~80	+0.071 / +0.036	105			130	124	45	89	112			73	59	60	75°		
>80~85																	

注：当作铰（扩）套使用时，d 的公差带推荐如下：

采用 GB/T 1132—2004 铰刀，铰 H7 孔时取 F7；铰 H9 孔时取 E7。

铰（扩）其他精度孔时，公差带由设计选定。

附录 S　钻套螺钉（摘自 JB/T 8045.5—1999）　（单位：mm）

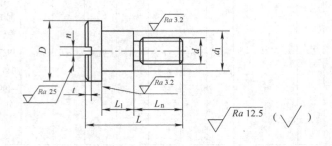

技术要求

1. 材料 45 钢按 GB/T 699—1999 的规定。
2. 热处理硬度 35 ~ 40HRC。
3. 其他技术要求按 JB/T 8045.5—1999 的规定。

d	L_1		d_1		D	L	L_0	n	t	钻套内径
	公称尺寸	极限偏差	公称尺寸	极限偏差						
M5	3		7.5		13	15	9	1.2	1.7	>0 ~ 6
	6			−0.040		18				
M6	4		9.5	−0.130	16	18	10	1.5	2	>6 ~ 12
	8	+0.200				22				
M8	5.5	+0.050	12		20	22	11.5	2	2.5	>12 ~ 30
	10.5			−0.050		27				
M10	7		15	−0.160	24	32	18.5	2.5	3	>30 ~ 85
	13					38				

附录 T　钻套用衬套　　　（单位：mm）

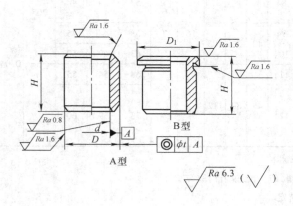

A 型　　　B 型

标记示例

$d = 18$、$H = 28$ 的 A 型钻套用衬套标记为：

钻套　A18 × 18　JB/T 8045.4—1999

技术要求

1. 材料 $d \leq 26$，T10A 按 GB/T 1298—2008 的规定；

　　$d > 26$，20 钢按 GB/T 699—1999 的规定。
2. 热处理 T10A 硬度为 58 ~ 64HRC；20 钢渗碳深度 0.8 ~ 1.2，硬度 58 ~ 64HRC。
3. 其他技术要求按 JB/T 8044—1999 的规定。

（续）

d 公称尺寸	极限偏差 F7	D 公称尺寸	极限偏差 n6	D_1	H			t
8	+0.028 +0.013	12	+0.023 +0.012	15	10	16	—	0.008
10		15		18	12	20	25	
12	+0.034 +0.016	18		22				
(15)		22	+0.028 +0.015	26	16	28	36	
18		26		30				
22	+0.041 +0.020	30		34	20	36	45	
(26)		35	+0.033 +0.017	39				0.012
30		42		46	25	45	56	
35	+0.050 +0.025	48		52				
(42)		55	+0.039 +0.020	59	30	56	67	
(48)		62		66				

参 考 文 献

[1] 李昌年．机床夹具设计与制造［M］．北京：机械工业出版社，2007．
[2] 刘登平．机械制造工艺及机床夹具设计［M］．北京：北京理工大学出版社，2008．
[3] 刘长青．机械制造技术课程设计指导［M］．武汉：华中科技大学出版社，2007．
[4] 王寿龙，魏小立．夹具使用项目训练教程［M］．北京：高等教育出版社，2011．
[5] 邹青．机械制造技术基础课程设计指导教程［M］．北京：机械工业出版社，2004．
[6] 高国平．机械制造技术实训教程［M］．上海：上海交通大学出版社，2001．